中山火炬职业技术学院国家骨干院校建设成果

编委会

主　任：王春旭
副主任：汪宇燕
编　委：吴俊强　陈　新　熊　宇　王　龙　赵　斌　杨　华

国家骨干院校建设成果

装备制造技术丛书

机电控制技术

JIDIAN KONGZHI JISHU

主　编◎刘庆伦　　王志刚

副主编◎庄和安　　丁俊健　　冯　嫦

广东高等教育出版社
Guangdong Higher Education Press
·广州·

内 容 简 介

本书主要对三菱可编程控制器编程的编程方法、常用的机电控制元件、常用电动机类型及原理、三菱触摸屏的编程方法以及典型的机电控制系统原理等知识进行项目化讲解。全书包涵 9 个项目，内容涉及三菱可编程控制器基本编程指令、三菱可编程控制器编程软件的使用方法、三菱触摸屏的编程软件简介及使用方法介绍。

本书适用于高职学校自动化相关专业学生的三菱可编程控制器的教学过程，有利于学生系统地学习工业自动化控制中的逻辑编程、硬件选择、电路接线等核心技术。

图书在版编目（CIP）数据

机电控制技术/刘庆伦，王志刚主编. —广州：广东高等教育出版社，2017.2
（装备制造技术丛书）
ISBN 978 - 7 - 5361 - 5507 - 7

Ⅰ.①机…　Ⅱ.①刘…　②王…　Ⅲ.①机电一体化 - 控制系统　Ⅳ.①TH - 39

中国版本图书馆 CIP 数据核字（2015）第 283020 号

出版发行	广东高等教育出版社
	地址：广州市天河区林和西横路
	邮政编码：510500　电话：（020）87554152
	http://www.gdgjs.com.cn
印　刷	广州市穗彩印务有限公司
开　本	787 毫米 ×1 092 毫米　1/16
印　张	11.25
字　数	253 千
版　次	2017 年 2 月第 1 版
印　次	2017 年 2 月第 1 次印刷
定　价	25.00 元

前　言

本书根据职业教育教学特点，结合自动化企业对可编程控制器控制系统使用的基本需求设计项目。编者在教学过程中选取不同教材，并在教学实施过程中结合学生学习中遇到的难点以及企业对自动化结构设计、硬件选型、控制逻辑程序编制等工作的具体需求对教材内容进行了认真的筛选和补充。

全书结构上以实训为教学载体，项目的可实施性强，有利于学生在理论学习的基础上开展对应的实训教学，符合高职学生动手学习的教学特点。在教材的编著过程中王志刚老师完成了项目一"可编程逻辑控制器的认识和编程软件的使用"、项目二"三菱可编程控制器的接线及调试"、项目三"基础控制电路——启保停电路"内容的编著工作；冯嫦老师完成了项目四"十字路口交通灯"、项目五"步进电动机驱动工作台自动往返运动的控制"以及项目六前三个子项目的编著工作；刘庆伦老师完成了项目六"运输带运料装车系统"、项目七"机械手的控制"、项目八"四则运算"的编著工作；丁俊健老师完成了项目九"电梯控制"及附录内容的编著工作；在本书的编著过程中中山火炬职业技术学院机电一体化专业黄粤鸣同学对程序的编制及触摸屏的程序编制给出了很多帮助和支持；庄和安工程师负责对本书项目的设置及程序校对。

本书的教学总课时推荐为64～80课时，实训条件为电脑实训室及三菱可编程控制器触摸屏等。

因为本书编者的专业水平及教学经验等各方面的因素，本书中难免出现些许问题和不足之处，敬请读者批评指正。

编　者
2016.4.26

目　　录

项目一　可编程逻辑控制器的认识和编程软件的使用

一、学习要点

（1）能识别不同类型和型号的 PLC。

（2）掌握 SWOPC – FXGP/WIN – C 与 GX Developer 软件的安装。

（3）掌握 SWOPC – FXGP/WIN – C 与 GX Developer 软件对 PLC 程序进行录入、编辑和调试等操作。

二、PLC 软件操作要求

（1）给定一个 PLC 实物，根据铭牌标识说出其各部分的含义。

（2）编写报警闪烁灯梯形图程序，并完成程序的传送、运行和监控操作。

（3）将报警闪烁灯梯形图程序导入 GX Developer 中，并进行仿真测试操作。

三、PLC 相关基础知识

（一）　PLC 的定义

PLC（Programmable Logic Controller）是一种专门为工业环境下应用而设计的数字运算操作的电子装置，中文名为可编程控制器。它采用可以编制程序的存储器，在其内部存储执行逻辑运算、顺序运算、计时、计数和算术运算等操作的指令，并能通过数字式和模拟式的输入和输出，控制各种类型的机械或生产过程。PLC 及其外围设备都应按照易于与工业控制系统形成一个整体、易于扩展其功能的原则而设计。

从以上定义可知，PLC 是数字运算操作的电子系统，是一种专为在工业环境下应用而设计的计算机。有以下特点：面向用户指令，编程方便；能完成逻辑运算、顺序控制、计时、计算和算术运算操作；有数字量或模拟量输入/输出控制的能力；易与控制系统连成一体，易于扩充。

（二）　PLC 的特点

为适应工业环境使用，与一般控制装置相比较，PLC 有以下特点。

1. 可靠性高，抗干扰能力强

工业生产对控制设备的可靠性要求：

① 平均故障间隔时间长。

② 故障修复时间（平均修复时间）短。

电子设备的故障通常分为两类：

① 偶发性故障。指由于外界环境恶劣，如电磁干扰、超高温、超低温、过电压、欠电压、振动等引起的故障。这类故障在不引起系统部件损坏的前提下，一旦环境条件恢

复正常，系统也随之恢复正常。但对 PLC 而言，受外界影响后，内部存储的信息可能被破坏。

② 永久性故障。指由于元器件不可恢复的破坏而引起的故障。如果能限制偶发性故障的发生条件，使 PLC 在恶劣环境中不受影响或能把影响的后果限制在最小范围内，且恶劣条件消失后能自动恢复正常，这样就能延长平均故障间隔时间；如果能在 PLC 上增加一些诊断措施，当永久性故障出现时，PLC 能很快查出故障发生点，并将故障限制在局部，就能缩短 PLC 的平均修复时间。

为此，PLC 的各生产厂商在硬件和软件方面采取了多种措施，使 PLC 除了具有较强的自诊断能力，能及时给出出错信息，停止运行等待修复外，还使 PLC 具有了很强的抗干扰能力。

（1）硬件措施。主要模块均采用大规模或超大规模集成电路，大量开关动作由无触点的电子存储器完成。I/O（输入/输出）系统设计有完善的通道保护和信号调理电路，另外还可以采取以下措施来保障 PLC 正常运行，提高可靠性：

① 屏蔽——对电源变压器、CPU（中央处理器）、编程器等主要部件，采用导电、导磁良好的材料进行屏蔽，以防外界干扰。

② 滤波——对供电系统及输入线路采用多种形式的滤波，如 LC（电感—电容）或 IT（隔离变压器）型滤波网络，以消除或抑制高频干扰，也降低了各种模块之间的相互影响。

③ 电源调整与保护——对微处理器所需的 +5 V 电源，采用多级滤波，并用集成电压调整器进行调整，以适应交流电网的波动和过电压、欠电压的影响。

④ 隔离——在微处理器与 I/O 电路之间，采用光电隔离措施，有效地隔离 I/O 接口与 CPU 之间的电信号，减少故障和误动作；各 I/O 口之间亦彼此隔离。

⑤ 采用模块式结构——这种结构有助于在故障情况下短时修复。一旦查出某一模块出现故障，能迅速更换，使系统恢复正常；同时也有助于加快查找故障原因。

（2）软件措施。仅靠硬件措施是不够的，还要采取有极强的自检及保护功能的软件措施：

① 故障检测——软件定期地检测外界环境，如掉电、欠电压、锂电池电压过低及强干扰信号等，以便及时进行处理。

② 信息保护与恢复——当偶发性故障条件出现时，不破坏 PLC 内部的信息。一旦故障条件消失，就可恢复正常，继续原来的程序工作。所以，PLC 在检测到故障条件时，立即把现有状态存入存储器，软件配合对存储器进行封闭，禁止对存储器的任何操作，以防存储信息被冲掉。

③ 设置警戒时钟 WDT（看门狗）——如果程序每循环执行时间超过了 WDT 规定的时间，预示着程序进入死循环，立即报警。

④ 加强对程序的检查和校验——一旦程序有错，立即报警，并停止执行。

⑤ 对程序及动态数据进行电池后备——停电后，利用后备电池供电，有关状态及信息就不会丢失。

⑥ PLC 的出厂试验项目中，有一项就是抗干扰试验。它要求能承受幅值为 1 000 V，上升时间为 1 ms，脉冲宽度为 1 μs 的干扰脉冲。一般情况下，平均故障间隔时间可达几

十万至上千万小时，组成系统亦可达 4 万 ~ 5 万小时甚至更长时间。

2. 通用性强，控制程序可变，使用方便

PLC 品种齐全的各种硬件装置，可以组成满足各种要求的控制系统，用户不必自己再设计和制作硬件装置。用户在硬件装置确定以后，在生产工艺流程改变或生产设备更新的情况下，不必改变 PLC 的硬件设备，只需改编程序就可以满足要求。因此，PLC 除应用于单机控制外，在工厂自动化中也被大量采用。

3. 功能强，适应面广

现代 PLC 不仅具有逻辑运算、计时、计数、顺序控制等功能，还具有数字和模拟量的输入/输出、功率驱动、通信、人机对话、自检、记录显示等功能，既可控制一台生产机械、一条生产线，又可控制一个生产过程。

4. 编程简单，容易掌握

目前，大多数 PLC 仍采用继电器控制形式的"梯形图编程方式"，既继承了传统控制线路的清晰直观，又考虑到大多数工厂企业电气技术人员的读图习惯及编程水平，更易于接受和掌握。梯形图语言编程元件的符号和表达方式与继电器控制电路原理图相当接近。通过阅读 PLC 的用户手册或短期培训学习，技术人员很快就能学会用梯形图编制控制程序。同时，用户手册还提供了功能图、语句表等编程语言。

PLC 在执行梯形图程序时，运用解释程序将它翻译成汇编语言然后执行。与执行汇编语言编写的用户程序相比，执行梯形图程序的时间要长一些，但对于大多数机电控制设备来说，是完全可以满足控制要求的。

5. 减少了控制系统的设计及施工的工作量

由于 PLC 采用了软件来取代继电器控制系统中大量的中间继电器、计数器等器件，控制柜的设计、安装、接线的工作量大为减少。同时，PLC 的用户程序可以在实训室进行模拟调试，相对减少了现场调试的工作量。并且，由于 PLC 的低故障率，因此具有很强的监视功能和模块化等功能，在维修方面也极为方便。

6. 体积小、质量轻、功耗低、维护方便

PLC 是将微电子技术应用于工业设备的产品，其结构紧凑、坚固，体积小，质量轻，功耗低。以三菱公司的 F1 - 40M 型 PLC 为例，其外形尺寸仅为 305 mm × 110 mm × 110 mm，质量 2.3 kg，功耗小于 25 W，具有很好的抗震能力和适应环境温度、湿度变化的能力。

（三）　PLC 的应用

随着 PLC 的性能价格比的不断提高，使微处理器的芯片及有关的元件价格大幅度降低，PLC 的生产成本随之下降，而且 PLC 的功能大幅度增强，因此 PLC 的应用日益广泛。目前，PLC 在国内外已广泛应用于钢铁、采矿、水泥、石油、化工、电力、机械制造、汽车、装卸、造纸、纺织、环保等各行各业。其应用范围大致可归纳为以下几种。

1. 开关量的逻辑控制

这是 PLC 最基本、最广泛的应用领域。它取代传统的继电器控制系统，实现逻辑控制、顺序控制。开关量的逻辑控制可用于单机控制，也可用于多机群控制，亦可用于自动生产线的控制等。

2. 运动控制

PLC 可用于直线运动或圆周运动的控制。早期直接用开关量 I/O 模块连接位置传感器和执行机械，现在一般使用专用的运动模块。目前，制造商已提供了拖动步进电动机或伺服电动机的单轴或多轴位置控制模块，即把描述目标位置的数据送给运动模块，模块移动一轴或多轴到目标位置。当每个轴运动时，位置控制模块保持适当的速度和加速度，确保运动平滑。运动模块的程序可用 PLC 的语言完成，并通过编程器输入。

3. 闭环过程控制

PLC 通过模拟量的 I/O 模块实现模拟量与数字量的 A/D（数字量/模拟量）、D/A（模拟量/数字量）转换，可实现对温度、压力、流量等连续变化的模拟量的控制。

4. 数据处理

现代的 PLC 具有数学运算（包括矩阵运算、函数运算、逻辑运算）、数据传递、排序和查表、位操作等功能，可以完成数据的采集、分析和处理。数据处理一般应用在大中型控制系统中。大中型控制系统把支持顺序控制的 PLC 与数字控制设备紧密结合，具有 CNC（数控机床）功能。

5. 通讯联网

PLC 的通讯包括 PLC 与 PLC 之间，与上位计算机之间和其他的智能设备之间的通讯。PLC 与计算机之间具有 RS - 232 接口，用同轴电缆能将它们连成网络，实现信息的交换，还可以构成集中管理，分散控制的分布控制系统。

并不是所有的 PLC 都具有以上功能，按照型号的划分，所具有的功能不完全一致。

（四）三菱 PLC 的系统配置

1. FX 系列 PLC 型号名称的意义

目前市场上生产 PLC 的厂家较多，在国内占有较大市场份额的有日本的三菱公司、德国西门子公司等。本书主要是以介绍三菱公司的 FX 系列的 PLC 为主。

三菱电机 PLC 有 FX 系列、A 系列、QnA 系列、Q 系列。FX 系列包含：FX 0S、FX 1S、FX 0N、FX 1N、FX 2N、FX 3U。

FX 系列的 PLC 型号的含义如下：

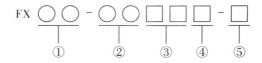

① 系列名称：如 0、2、0N、0S、2C、2N、2NC、1N、1S，即有 FX 0、FX 2、FX 0N、FX 0S、FX 2C、FX 2N、FX 2NC、FX 1N 和 FX 1S。

② 输入/输出的总点数：4~128 点。

③ 单元类型：M——基本单元；E——输入/输出混合扩展单元及扩展模块；EX——输入专用扩展模块；EY——输出专用扩展模块。

④ 输出形式：T——晶体管输出；R——继电器输出；S——晶闸管输出。

⑤ 特殊类型的区别：

D——DC 电源，DC 输入；A1——AC 电源，AC 输入（AC 100~120 V）或 AC 输入

模块；H——大电流输出扩展模块；V——立式端子排的扩展模式；C——接插口输入/输出方式；F——输入滤波器 1 ms 的扩展模块；L——TTL 输入型模块；S——独立端子（无公共端）扩展模块。

如：型号为 FX 2N – 128MR – D 的 PLC，属于三菱 2N 系列，有 128 个 I/O 点的基本单元，为继电器输出型，使用 24 V 直流电源。

2. FX 系列 PLC 的主要性能

在可编程控制器 PLC 内部有很多继电器、计时器、计数器，它们都是由无数个常开触点和常闭触点及线圈组成，触点和线圈相连形成顺序控制回路。除此之外，其内部还有：

数据寄存器（D）：存储数据的记忆软元件，该元件记为 D。

输入继电器（X）：可编程控制器与外部信号的接口是输入继电器，该软元件记为 X，可编程控制器具备与其型号相对应数量的输入继电器。

辅助继电器（M）：可编程控制器内部有多个辅助继电器，该软元件记为 M。

状态继电器（S）：可编程控制器内部有多个表示状态的继电器，该软元件记为 S。

计时器（T）：可编程控制器内部具有计时功能的软元件，该元件记为 T。

计数器（C）：可编程控制器内部具有多个计数功能的软元件，该元件记为 C。

输出继电器（Y）：可编程控制器驱动外部负载的接口为输出继电器，该软元件记为 Y，可编程控制器具有与其型号相对应数量的输出继电器。

以上软元件的功能说明如下：

① 输入继电器（X）和输出继电器（Y）具有可以与外界接线连接的功能；辅助继电器（M）、状态继电器（S）、计时器（T）、计数器（C）、数据寄存器（D）都是集成于 PLC 内部，也具备前述软元件的功能，但不用接线，只需在逻辑控制电路上体现即可。

② 输入继电器（X）和输出继电器（Y）按照八进制数的形式进行编号。

③ 辅助继电器（M）是可编程控制器内部具有的继电器，这种继电器有别于输出继电器（Y）和输入继电器（X），它不能获得外部输入也不能直接驱动外部负载，只在程序中存在其意义，部分保持性辅助继电器可以在可编程控制器断电的时候保持 ON/OFF 的状态。

④ 状态继电（S）是步进梯形图或者 SFC 表示的工序号使用的继电器，不作为工序号出现的时候其功能和辅助继电器（M）一致，也可作为报警信号使用。

⑤ 定时器（T）可以对可编程控制器 1 ms、10 ms、100 ms 时钟脉冲进行加法运算，当达到设定值的时候输出触点动作，即常开触点闭合或者常闭触点断开。

⑥ 计时器（C）通过对其控制电路逻辑结果进行监控并进行加法和减法操作，当达到设定值的时候输出触点动作。

⑦ 数据寄存器（D）是存储数据用的软元件。FX 系列的数据寄存器都是 16 位的，也可以将两个数据寄存器组合形成 32 位寄存器。有一般和停电保持两种寄存器类型。

⑧ 在数据寄存器（D）中存在可供变址的 V、Z 变址寄存器。例如：

当 V0，Z0 为 5 时，则 D100V0 = D105。

FX 系列 PLC 的主要性能见表 1 – 1。

表 1-1　FX 系列 PLC 的主要性能

项　目		主要性能
控制运算方式		存储程序，反复运算
输入/输出控制方式		批处理方式（在执行 END 指令时，）可以使用输入/输出刷新指令
运算处理速度	基本指令	0.08 μs/指令
	应用指令	1.52 至数百 μs/指令
程序语言		梯形图和指令表，可以用步进梯形指令来生成顺序控制指令
程序容量		内置 8 000 步 $E^2 PROM$①，使用附加存储器盒可以扩展到 16 000 步
指令数	基本（顺控）、步进指令	基本（顺控）指令 27 条，步进指令 2 条
	应用指令	128 条
I/O 设置		硬件配置最多 256 点，与用户选择有关，软件可以设输入、输出各 256 点
辅助继电器（M）	通用辅助继电器	500 点，M0～M499
	停电保持辅助继电器	2 572 点，M500～M3071
	特殊辅助继电器	256 点，M8000～M8255
状态继电器（S）	初始状态继电器	10 点，S0～S9
	回零状态继电器	10 点，S10～S19
	通用状态继电器	480 点，S20～S499
	锁存状态继电器	400 点，S500～S899
	信号报警器	100 点，S900～S999
计时器（T）	100 ms 计时器	200 点，T0～T199
	10 ms 计时器	46 点，T200～T245
	1 ms 积算计时器	4 点，T246～T249
	100 ms 积算计时器	6 点，T250～T255
计数器（C）	16 位通用加计数器	16 位 100 点，C0～C99
	16 位锁存加计数器	16 位 100 点，C100～C199
	32 位通用加减计数器	32 位 20 点，C200～C219
	32 位锁存加减计数器	32 位 15 点，C220～C234

---

①　$E^2 PROM$ 电可擦除只读存储器。

续上表

项　目		主要性能
计算器 （C）	1 相无启动复位输入	6 点，C235～C240
	1 相带启动复位输入	5 点，C241～C245
	2 相双向高速计数器	5 点，C246～C250
	A/B 相高速计数器	5 点，C251～C255
数据寄存器 （D）	通用数据寄存器	16 位 200 点，D0～D199
	锁存数据寄存器	16 位 7 800 点，D200～D7999
	文件寄存器	7 000 点，D1000～D7999，以 500 个为单位设置文件寄存器
	特殊寄存器	16 位 256 点，D8000～D8255
	变址寄存器	16 位 16 点，V0～V7，Z0～Z7
跳步指针 （P）	跳步和子程序调用	128 点，P0～P127
	中断用	6 点，输入中断
使用 MC 和 MCR 的嵌套层数		8 点，N0～N7
常数	十进制 K	16 位：－32768～＋32767 32 位：－2147483648～＋2147483647
	十六进制 H	16 位：0～FFFF　　32 位：0～FFFFFFFF
	浮点数	32 位：±1.175×10^{-38}～±3.403×10^{38}（不能直接输入）

（五）可编程序控制器选型

可编程序控制器的选型主要从如下几个方面来考虑：

（1）PLC 功能与控制要求相适应。对于以开关量控制为主、带有少量模拟量控制的项目，可选用带有 A/D 转换、D/A 转换、加减运算的中低档机；对于控制比较复杂、功能要求较高的项目，例如要求实现 PID（比例积分微分）调节、闭环控制、通信联网等，应选择高档小型机或中大型 PLC。

（2）PLC 结构合理、机型统一。对于工艺过程比较稳定、应用于环境条件比较好的场合，宜选用结构简单、体积小、价格低的整体式 PLC。对于工艺过程变化较多、使用环境较差，尤其是用于大型、复杂的工业设备上，应选用模块式的 PLC，这便于维修更换和扩充，但价格较高。对于应用 PLC 较多的单位，应尽可能选用统一的机型，这有利于购置备件，也便于维修和管理。

（3）在线编程或离线编程。离线编程的 PLC，主机和编程器共用一个 CPU，在编程器上有一个"编程/运行"选择开关。选择编程状态时，CPU 只为编程器服务，不再对现场进行控制，这就是"离线"编程。程序编好后，当选择运行状态时，CPU 只为现场控制服务，这时不能进行编程。这种离线编程方式可以降低系统的成本，又能满足大多数 PLC 控制系统的要求，因此现今中小型 PLC 常采用离线编程。在线编程的 PLC，主机和编程器各有一个 CPU，编程器的 CPU 可以随时处理由键盘输入的编程指令，主机的

CPU 负责对现场控制，并在一个扫描周期开始时按新输入的程序运行来控制现场，这就是"在线"编程。在线编程的 PLC 增加了硬件和软件，虽然价格高，但使用方便，能满足某些应用场合的要求。大型 PLC 多采用在线编程。对于定型设备和工艺不常变动的设备，应选用离线编程的 PLC；反之，可考虑选用在线编程的 PLC。

（4）存储器容量。根据系统大小和控制要求的不同，可选择用户存储器容量不同的 PLC。厂家一般提供 1 K、2 K、4 K、8 K、16 K 步程序容量的存储器。用户程序占用多少内存与许多因素有关，目前只能做粗略估算，估算方法有下面两种，仅供参考：

① PLC 内存容量（指令条数）约等于 I/O 总点数的 10 ~ 15 倍。

② 指令条数≈6（I/O）+2（$T+C$）。式中：T 为定时器总数，C 为计数器总数。还应增加一定的裕量。

（5）I/O 点数。统计出被控设备对输入/输出总点数的需求量，据此确定 PLC 的 I/O 点数。必要时增加一定裕量，一般选择增加 15% ~ 20% 的备用量，以便调整或扩展。

（6）PLC 的输入/输出方式。根据实际情况选定合适的输入/输出方式的 PLC。

（7）PLC 处理速度。PLC 以扫描方式工作，从接收输入信号到输出信号再到控制外围设备，存在着滞后现象，但能满足一般控制要求。如果某些设备要求输出响应快，可采用快速响应的模块，优化应用软件，缩短扫描周期或中断处理等措施。

（8）是否选用扩展单元。多数小型 PLC 是整体结构，除了按点数分成一些档次如 32 点、48 点、64 点、80 点外，还有多种扩展单元模块供选择。模块式结构的 PLC 采用主机模块与输入/输出模块、功能模块组合等使用方法。I/O 模块点数分为 8 点、16 点、32 点不等，可根据需要，灵活选择主机与 I/O 模块组合。

（9）系统可靠性。根据生产环境及工艺要求，采用功能完善、可靠性适宜的 PLC。对可靠性要求极高的系统，应考虑是否采用冗余控制系统或热备份系统。

（10）编程器与外围设备。小型 PLC 控制系统一般选用价格便宜的简易编程器；如果系统较大或多台 PLC 共用，可选用功能强、编程方便的图形编程器；如果有现成的个人计算机，可选用能在计算机上使用的编程软件。

（六） GX Developer 编程软件的应用

1. GX Developer 编程软件简介

GX Developer 是目前用于三菱 PLC 编程的主要软件之一，简称 GX。GX 界面友好，功能强大，使用方便。GX 编程软件主要有以下功能：支持所有三菱 PLC 系列编程，能方便地在现场进行程序的编写、监控、调试、维护及在线更改；结构化程序的编写，单个 CPU 中可编写 28 ~ 124 个程序；可制作成标准化程序，在同类系统中使用。

2. GX 编程软件的使用

（1）GX 编程软件的打开与关闭。双击桌面/开始程序中的 GX Developer 图标，打开的界面如图 1 - 1 所示。用鼠标点击"工程"菜单下的"关闭"命令或单击右上角的关闭按钮 ⊠，可退出 GX Developer 系统。

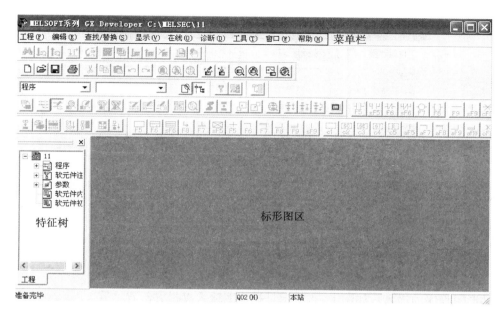

图 1-1 GX 界面

（2）文件的管理。

① 创建新工程文件。选取"工程"—"创建新工程"命令，出现图 1-2 所示对话框，选择设备对应的"PLC 系列"和"PLC 类型"，勾选"设置工程名"，输入工程名称，然后单击"确定"按钮，即可创建新工程。

（a）选择PLC系列

（b）选择PLC类型

图 1-2 "创建新工程"对话框

② 工程文件的保存。单击"工程"—"保存工程"命令，或 Ctrl +S 键操作即可。

③ 打开已有的工程文件。单击"工程"—"打开工程"命令，或按键盘上的 Ctrl +O 键，在出现的"打开工程"对话框中选择已有工程，单击"打开"按钮，如图 1-3 所示。

10

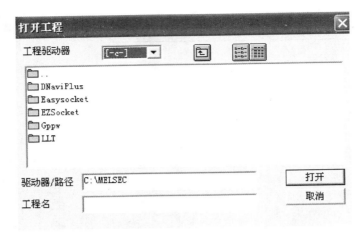

图 1 – 3　打开工程文件对话框

（3）梯形图程序的编制。

梯形图程序的输入，如图 1 – 4 所示。梯形图输入操作方法有：

① 在工具栏上单击对应的触点或线圈，完成输入。

② 利用快捷键，完成输入。

③ 输入指令语句来完成。

可在"梯形图输入"对话框中右边输入框输入指令语句，如输入"LD X0"。

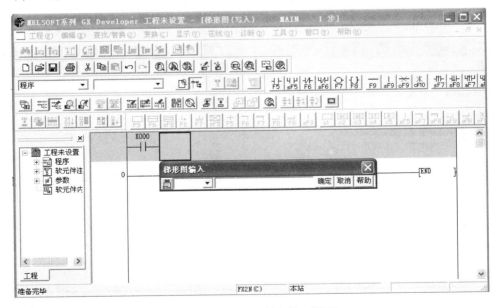

图 1 – 4　"梯形图输入"对话框

（4）梯形图程序的编辑。

删除或修改文件必须在"写入模式"中进行，已经变换的程序可以在"编辑"中选择"写入模式"。编辑完成程序后点击菜单栏"变换"，梯形图则出现白色底，变换完成，如图 1-5 所示。

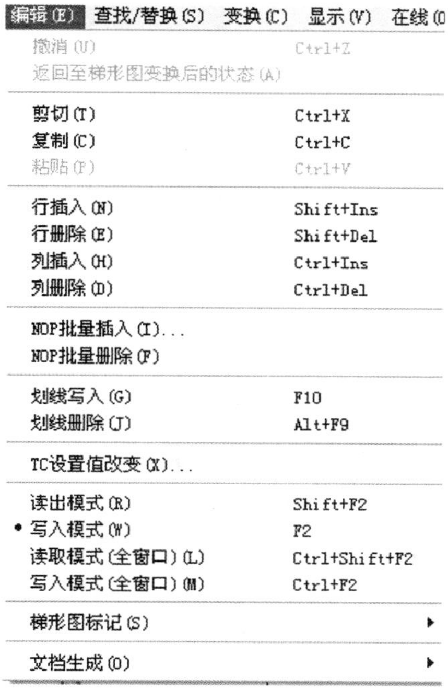

（a）编辑菜单 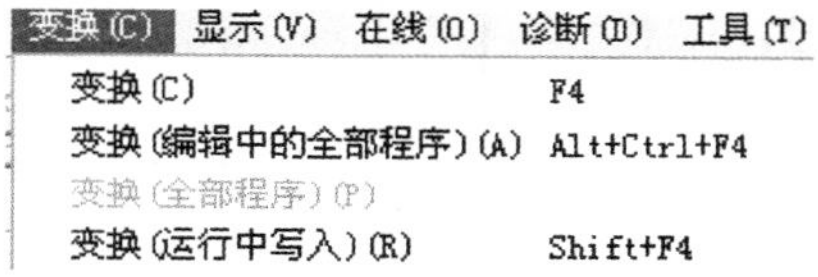　　　　　　　　　　　　　（b）变换完成

图 1-5　梯形图程序的编辑

（5）程序的输送。

单击菜单栏"在线"—"写入 PLC"，选择"程序"—"开始执行"。

（6）程序的监控与调试。

①点击"在线"—"监视"—"监视开始"，界面出现变化，触电或线圈为蓝色底则表示通电，否则为断电。

②调试运行结果与设计不一致或 PLC 上的 ERROR（错误）指示灯亮，则程序需要修改，单击"在线"菜单下的"清除 PLC 内存"命令即可。

四、课内实训内容

GX 软件使用练习：按图 1-6 所示输入程序，根据控制要求运行程序，观察输出指示灯的变化情况，并完成程序的传送、运行和监控操作。通过梯形图/指令显示切换功能 ，显示的内容如图 1-7 所示。

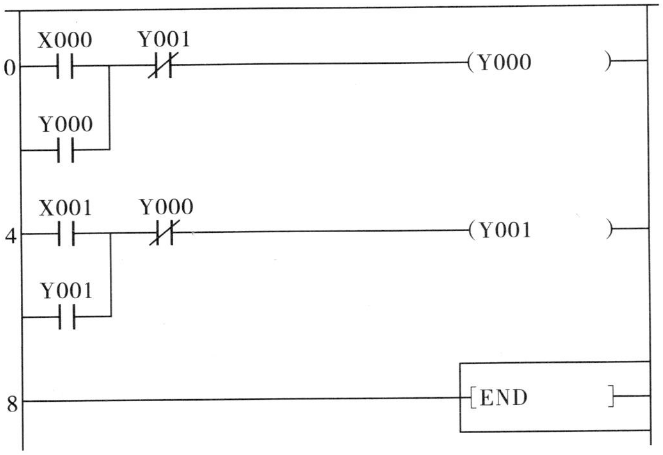

图 1-6　GX 软件练习的梯形图

0	LD	X000
1	OR	Y000
2	ANI	Y001
3	OUT	Y000
4	LD	Y001
5	OR	Y001
6	ANI	Y000
7	OUT	Y001
8	END	

图 1-7　GX 软件指令显示指令表

项目二　三菱可编程控制器的接线及调试

一、学习目标

（1）掌握 PLC 的输入和输出端子分布。
（2）掌握编程软元件——输入继电器（X）和输出继电器（Y）的有关知识。
（3）会安装 PLC。
（4）会根据接线示意图连接线。

二、接线及调试要求

（1）根据 FX 2N 的输入和输出端子图和 PLC 控制系统的接线示意图，完成 PLC 控制系统的外部接线。
（2）利用提供的程序写入 PLC。
（3）观察 PLC 系统的运行情况并且进行调试。

三、相关知识

PLC 必须和电源、主令装置、传感器设备以及驱动执行机构相连接才能构成控制系统。对于不同厂家的 PLC，接线方法也有所不同；而同一厂家不同型号、不同规格的 PLC，接线方法也可能不同。本项目主要介绍 FX 2N 系列 PLC 的安装和接线。

（一）PLC 的安装

FX 2N 系列可编程控制器的安装方法有底板安装和 DIN 导轨安装两种。

1. 底板安装

利用可编程控制器机体外壳四个角上的安装孔，用规格为 M4 的螺钉将控制单元、扩展单元、A/D 转换单元、D/A 转换单元及 I/O 链接单元固定在底板上。

2. DIN 导轨安装

利用可编程控制器底板上的 DIN（德国工业标准）导轨安装杆将控制单元、扩展单元、A/D 转换单元、D/A 转换单元及 I/O 链接单元安装在 DIN 导轨上。安装时，安装单元与安装导轨槽对齐向下推压即可。将该单元从 DIN 导轨上拆下时，需用一字形的螺丝刀向下轻拉安装杆。

（二）输入继电器（X）（X0 ~ X177）

FX 2N 系列 PLC 输入继电器采用八进制地址编号，其编号为 X0 ~ X7、X10 ~ X17、X20 ~ X27、…、X170 ~ X177，共 128 点，输入响应时间为 10 ms。图 2 - 1 所示为输入继电器示意图。

输入继电器是 PLC 接收来自外部开关信号的"窗口"。输入继电器与 PLC 的输入端子相连，并带有许多常开、常闭触点供编程时使用。输入继电器只能由外部信号驱动，

14 不能被程序指令驱动。

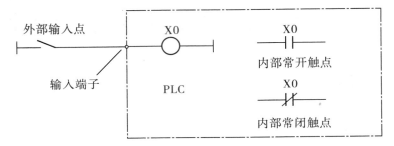

图 2-1　输入继电器示意图

（三）　输出继电器（Y）（Y0 ~Y177）

FX 2N系列 PLC输出继电器也是采用八进制地址编号，其编号为 Y0 ~ Y7、Y10 ~ Y17、Y20 ~ Y27、…、Y170 ~ Y177，共 128 点。除输入继电器和输出继电器外，后叙的各种软继电器的编号都是按十进制编号。图 2-2 所示为输出继电器示意图。

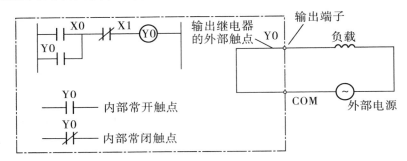

图 2-2　输入继电器示意图

（四）　PLC 接线

FX 2N系列的 PLC 接线示意图如图 2-3 所示。

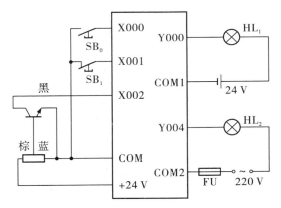

图 2-3　PLC 接线示意图

四、项目实施

　　根据 FX 2N－32MR 产品使用手册的端子图、PLC 控制原理图和接线图，完成 PLC 接线。将图2－4所示 PLC 接线检查程序通过计算机写入 PLC。按步骤操作，观察 PLC 系统的运行情况并进行调试。

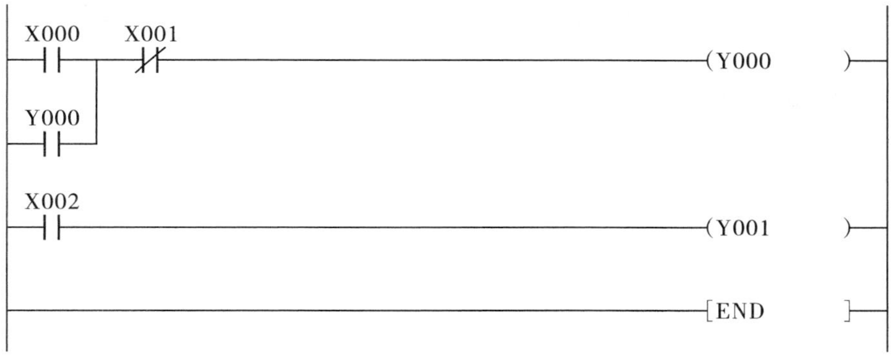

```
X000   X001
 ├┤├────┤/├──────────────────────(Y000    )
Y000
 ├┤├┤

X002
 ├┤├─────────────────────────────(Y001    )

 ─────────────────────────────────[END    ]
```

图 2－4　程序梯形图

项目三 基础控制电路——启保停电路

任务1 简单控制单元的启动—保持—停止逻辑控制

一、教学目标

1．知识目标

（1）掌握基本指令 LD、LDI、OUT、AND、ANI、OR、ORI、END、SET、RST。

（2）掌握编程软元件——输入 X、输出 Y。

2．技能目标

（1）会用基本指令编写启保停功能的梯形图，应用于电动机运行控制。

（2）会操作编程软件，掌握 PLC 的外部接线盒调试。

（3）掌握简单逻辑控制指令的使用方法与注意事项。

二、任务要求

三相异步电动机直接启动的继电器—接触器控制原理图如图 3 - 1 所示，先要改用 PLC 来控制三相异步电动机的启动、停止和运行。

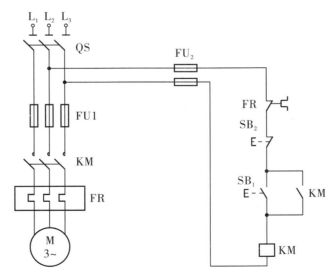

图 3 - 1 电路控制继电器—接触器控制原理图

三、启动—保持—停止逻辑控制任务分析

如图 3 - 1 所示，SB$_1$ 是启动按钮，SB$_2$ 是停止按钮。按照电动机的控制要求，当按

下启动按钮 SB₁ 时，KM 线圈得电并自锁（保持），电动机启动并连续运行；当按下停止按钮 SB₂ 或热继电器 FR 动作时，电动机停止运行。

注意：通过三个步骤：启动—保持—停止的操作完成电动机的一次完整状态的操作，在机电控制过程中任意的复杂过程都是由 1 个及 1 个以上的状态组成，通过状态的各种复杂条件来完成整体机电控制。此思路对复杂机电控制案例的编程具有重要意义。

四、启动—保持—停止逻辑控制相关知识

（一）　编程元件

PLC 是采用软件编制程序来实现控制要求的。编程时要使用到各种编程元件，它们可提供无数个动合和动断触点。编程元件是指输入继电器、输出继电器、辅助继电器、计时器、计数器、通用寄存器、数据寄存器及特殊功能继电器等。

PLC 内部继电器的作用和继电接触控制系统中使用的继电器的作用十分相似，也有"线圈"与"触点"，但它们不是"硬"继电器，而是 PLC 存储器的存储单元。当写入该单元的逻辑状态为"1"时，则表示相应继电器线圈得电，其动合触点闭合，动断触点断开，所以内部的继电器称之为"软"继电器。

FX 2N – 48MR 编程元件的编号范围与功能说明如表 3 – 1 所示。

表 3 – 1　FX 2N – 48MR 编程元件功能表

元件名称	代表字母	编号范围	功能说明
输入继电器	X	X0 ~ X27 共 24 点	接收外部输入设备的信号
输出继电器	Y	Y0 ~ Y27 共 24 点	输出程序执行结果并驱动外部设备
辅助继电器	M	M0 ~ M499 共 500 点	在程序内部使用，不能提供外部输出
计时器	T	T0 ~ T199	100 ms 延时计时继电器，触点在程序内部使用
		T200 ~ T245	10 ms 延时计时继电器，触点在程序内部使用
计数器	C	C0 ~ C99	加法计数器，触点在程序内部使用
数据寄存器	D	D0 ~ D199	数据处理用的数值存储元件
嵌套指针	N、P	N0 ~ N7　P0 ~ P127	N 主控用；P 跳跃，子程序用

（二）　编程语言

程序编制，就是用户根据控制对象的要求，利用 PLC 厂家提供的程序编制语言，将一个控制要求描述出来的过程。PLC 最常用的编程语言是梯形图语言和指令语句表语言，两者常常联合使用。

1. 梯形图

梯形图是一种从继电接触控制电路图演变而来的图形语言。它是借助类似于继电器的动合、动断触点，线圈，以及串联、并联等术语和符号，根据控制要求联接而成，表示 PLC 输入和输出之间逻辑关系的图形，直观易懂。

梯形图中常用图形符号：—| |—和—|/|—分别表示 PLC 编程元件的常开和常闭触点；—○—表示继电器线圈。梯形图中编程元件的种类用图形符号及标注的字母或数字加以区别。

梯形图的设计应注意以下三点：

（1）梯形图按从左到右、自上而下的顺序排列。每一逻辑行（或称梯级）起始于左母线，然后是触点的串、并联接，最后是线圈与右母线相联。

（2）梯形图中每个梯级流过的不是物理电流，而是"概念电流"，从左流向右，其两端没有电源。这个"概念电流"只是用来形象地描述用户程序执行中应满足线圈接通的条件。

（3）输入继电器用于接收外部输入信号，而不能由 PLC 内部其他继电器的触点来驱动。因此，梯形图中只出现输入继电器的触点，而不出现其线圈。输出继电器则输出程序执行结果给外部输出设备，当梯形图中的输出继电器线圈得电时，就有信号输出，但不是直接驱动输出设备，而要通过输出接口的继电器、晶体管或晶闸管才能实现。输出继电器的触点也可供内部编程使用。

2. 指令语句表

指令语句表简称指令表，是一种用指令助记符来编制 PLC 程序的语言，它类似于计算机的汇编语言，但比汇编语言易懂易学，若干条指令组成的程序就是指令语句表。一条指令语句是由步序、指令语和作用器件编号三部分组成。

电动机启/停控制的两种编程语言的表示方法如图 3-2（b）所示。

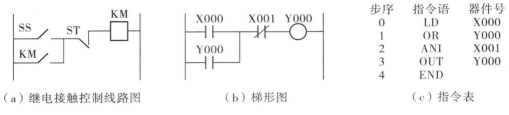

（a）继电接触控制线路图　　　　　（b）梯形图　　　　　（c）指令表

图 3-2　电动机控制图

基本逻辑指令是 PLC 中最基础的编程语言，掌握了基本逻辑指令也就初步掌握了 PLC 的使用方法。PLC 生产厂家很多，其梯形图的形状大同小异，指令系统也大致一样，指示方式稍有不同。

（三）三菱 FX 2N 系列 PLC 基本指令

1. 基本指令及其功能

三菱 FX 2N 系列 PLC 的基本指令有：LD、LDI、OUT、AND、ANI、OR、ORI、SET、RST。其功能见表 3-2。

表 3-2　三菱 FX 2N 系列 PLC 的基本指令功能表

名　称	助记符	目标元件	说　明
取指令	LD	X、Y、M、S、T、C	常开接点逻辑运算起始

续上表

名　称	助记符	目标元件	说　明
取反指令	LDI	X、Y、M、S、T、C	常闭接点逻辑运算起始
线圈驱动指令	OUT	Y、M、S、T、C	驱动线圈的输出
与指令	AND	X、Y、M、S、T、C	单个常开接点的串联
与非指令	ANI	X、Y、M、S、T、C	单个常闭接点的串联
或指令	OR	X、Y、M、S、T、C	单个常开接点的并联
或非指令	ORI	X、Y、M、S、T、C	单个常闭接点的并联
置位指令	SET	Y、M、S	使动作保持
复位指令	RST	Y、M、S、D、V、Z、T、C	使操作保持复位

2. 基本指令的含义及梯形图编制方法

（1）取指令 LD，表示一个与输入母线相连的常开接点指令，即常开接点逻辑运算起始，其目标元件是 X、Y、M、S、T、C。其梯形图及指令表如图 3-3 所示。

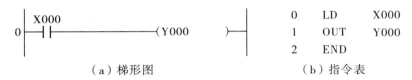

（a）梯形图　　　　　　　　（b）指令表

图 3-3　LD 指令

（2）取反指令 LDI，表示一个与输入母线相连的动断接点指令，即常闭接点逻辑运算起始，其目标元件是 X、Y、M、S、T、C。其梯形图及指令表如图 3-4 所示。

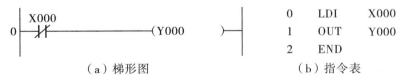

（a）梯形图　　　　　　　　（b）指令表

图 3-4　LDI 指令

（3）线圈驱动指令 OUT，也叫输出指令，见前后各指令表。它的目标元件是 Y、M、S、T、C，对输入继电器不能使用。OUT 指令可以连续使用多次。通过接点对其他线圈使用 OUT 指令，称为纵输出或连续输出。OUT 指令目标元件是计时器和计数器时，必须设置常数 K。

（4）与指令 AND，用于单个常开接点的串联，指令的目标元件为 X、Y、M、S、T、C。其梯形图及指令表如图 3-5 所示。

（5）与非指令 ANI，用于单个常闭接点的串联，指令的目标元件为 X、Y、M、S、T、C。其梯形图及指令表如图 3-6 所示。

（6）或指令 OR，用于单个常开接点的并联，指令的目标元件为 X、Y、M、S、T、C。其梯形图及指令表如图 3-7 所示。

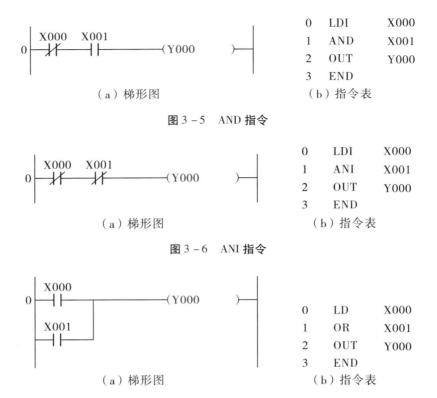

（a）梯形图

0	LDI	X000
1	AND	X001
2	OUT	Y000
3	END	

（b）指令表

图 3-5　AND 指令

（a）梯形图

0	LDI	X000
1	ANI	X001
2	OUT	Y000
3	END	

（b）指令表

图 3-6　ANI 指令

（a）梯形图

0	LD	X000
1	OR	X001
2	OUT	Y000
3	END	

（b）指令表

图 3-7　OR 指令

（7）或非指令 ORI，用于单个动断接点的并联，其目标元件是 X、Y、M、S、T、C。其梯形图及指令表如图 3-8 所示。

（a）梯形图

0	LD	X000
1	ORI	X001
2	OUT	Y000
3	END	

（b）指令表

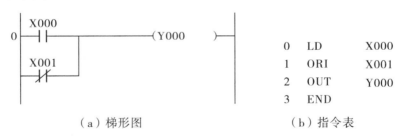

图 3-8　ORI 指令

OR 与 ORI 指令都是一个程序步指令，它们的目标元件是 X、Y、M、S、T、C。这两条指令都是一个接点。需要两个以上接点串联连接电路块的并联连接时，要用后述的 ORB 指令。OR、ORI 是从该指令的当前步开始，对前面的 LD、LDI 指令并联连接，并联的次数无限制。

（8）SET 为置位指令，它使动作保持，SET 指令的操作目标元件为 Y、M、S。其梯形图及指令表如图 3-9 所示。

（9）复位指令 RST，使操作保持复位，RST 指令的目标元件为 Y、M、S、D、V、Z、T、C。其梯形图及指令表如图 3-10 所示。

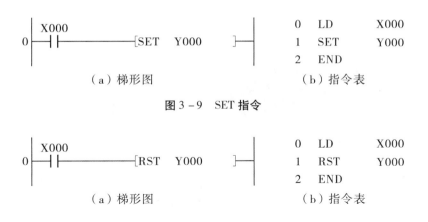

（a）梯形图

0	LD	X000
1	SET	Y000
2	END	

（b）指令表

图 3-9　SET 指令

（a）梯形图

0	LD	X000
1	RST	Y000
2	END	

（b）指令表

图 3-10　RST 指令

五、PLC 的工作原理

PLC 是采用“顺序扫描，不断循环”的方式进行工作的。在 PLC 运行时，CPU 根据用户按控制要求编制好并存于用户存储器中的程序，按指令步序号（或地址号）做周期性循环扫描，如无跳转指令，则从第一条指令开始逐条顺序执行用户程序，直至程序结束，然后重新返回第一条指令，开始下一轮新的扫描。在每次扫描过程中，还要完成对输入信号的采样和对输出状态的刷新等工作。

PLC 的扫描一个周期必经输入采样、程序执行和输出刷新三个阶段：

（1）输入采样阶段：首先以扫描方式按顺序将所有暂存在输入锁存器中的输入端子的通断状态或输入数据读入，并将其写入各对应的输入状态寄存器中，进行刷新输入。随即关闭输入端口，进入程序执行阶段。

（2）程序执行阶段：按用户程序指令存放的先后顺序扫描、执行每条指令，经相应的运算和处理后，再将其结果写入输出状态寄存器中，输出状态寄存器中所有的内容随着程序的执行而改变。

（3）输出刷新阶段：当所有指令执行完毕后，输出状态寄存器的通断状态在输出刷新阶段送至输出锁存器中，通过一定的方式（继电器、晶体管或晶闸管）输出，驱动相应输出设备。

六、继电器

（一）热继电器

1. 工作原理

热继电器就是利用电流的热效应原理，在出现电动机不能承受的过载时，切断电动机电路，为电动机提供过载保护的保护电器。热继电器可以根据过载电流的大小自动调整动作时间，具有反时限保护特性。当电动机的工作电流为额定电流时，热继电器应长期不动作。

热继电器主要由热元件、双金属片和触头等部分组成，其外形、结构及图形符号如图 3 – 11 所示。

（a）实物图　　　　　　　　　（b）图形符号及助记符

图 3 – 11　热继电器实物与符号

2. 选型与整定原则

热继电器型号的选用应根据电动机的接法和工作环境决定。当定子绕组为星形联结时，选择通用的热继电器即可；如果绕组为三角形联结时，则应选用带断相保护装置的热继电器。在一般情况下，可选用两相结构的热继电器；在电网电压均衡性较差、工作环境恶劣或保护设施较少的场所中，可选用三相结构的热继电器。

3. 热继电器动作电流的整定

热继电器电流的整定主要根据电动机的额定电流来确定。热继电器的整定电流是指热继电器长期不动作的最大电流，超过此值时即开始动作。热继电器可以根据过载电流的大小自动调整动作时间，具有反时限保护特性。一般过载电流是整定电流的 1.2 倍时，热继电器动作时间小于 20 min；过载电流是整定电流的 1.5 倍时，热继电器动作时间小于 2 min；过载电流是整定电流的 6 倍时，热继电器动作时间小于 5 s。

热继电器的整定电流通常与电动机的额定电流相等或是额定电流的 0.95 ~ 1.05 倍。如果电动机拖动的是冲击性负载或电动机的启动时间较长时，热继电器的整定电流要比电动机额定电流高一些；对于过载能力较差的电动机，热继电器的整定电流应适当小些。

4. 热继电器的型号

热继电器的型号含义如图 3 – 12 所示。

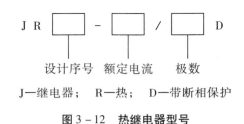

J—继电器；　　R—热；　　D—带断相保护

图 3 – 12　热继电器型号

5. 热继电器的线路连接

如一个交流接触器、两个开关、一个热过载继电器，其接线图如图 3 – 13 所示。

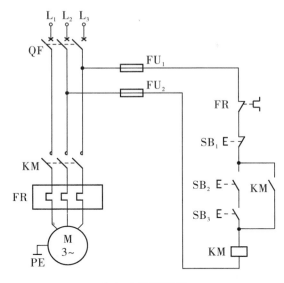

（a）电路原理图

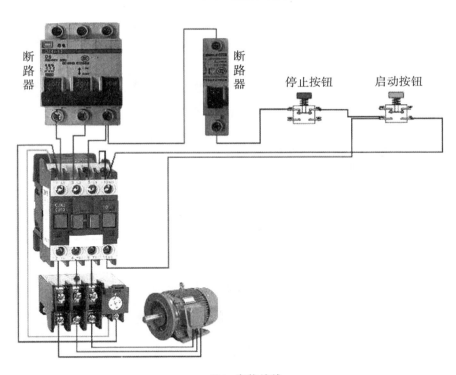

（b）实物接线

图 3－13　电动机启停接线图

（二）辅助继电器（M）

PLC 内部有很多辅助继电器，它们不能直接驱动外部设备，它可由 PLC 中各种继电器的触点驱动，其作用与继电接触器控制的中间继电器相似，用于状态暂存、辅助位移运算及特殊功能等。每个辅助继电器带有若干对常开和常闭触点，供编程使用。PLC 内部辅助继电器一般有如下三种类型。

1. 通用型辅助继电器

FX 2N 系列 PLC 内部的通用型辅助继电器 M0 ~ M499（按十进制编号）共 500 点。

2. 保持辅助继电器

FX 2N 系列 PLC 内部保持辅助继电器 M500 ~ M3071（按十进制编号）共 2 572 点。

当 PLC 电源中断时，由于有后备锂电池保持供电，所以保持辅助继电器能够保持其原来的状态，即具有掉电保持功能。这就是保持辅助继电器可用于要求保持断电前状态的场合的原因。

3. 特殊辅助继电器

FX 2N 系列 PLC 共有 M8000 ~ M8255 共 256 点。这 256 个辅助继电器都有特殊功能，有时也称为专用辅助继电器。下面介绍几个特殊辅助继电器的功能。

（1）运行监视继电器 M8000。如图 3 - 14（a）所示，当 PLC 运行时，M8000 自动处于接通状态；当 PLC 停止运行时，M8000 处于断开状态。因此，可利用 M8000 的接点经输出继电器 Y，在外部显示程序是否运行，以达到运行监视的目的。

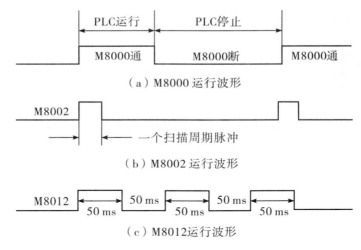

图 3 - 14　特殊辅助继电器运行波形

（2）初始化脉冲继电器 M8002。当 PLC 一开始投入运行时 M8002 就接通，并自动发出宽度为一个扫描周期的单脉冲，如图 3 - 14（b）所示。M8002 常用于作为计数器、保持辅助继电器和数据寄存器等的初始化信号，即开机清零信号。

（3）时钟脉冲发生器 M8012。M8012 产生周期为 100 ms 的时钟脉冲如图 3 - 14（c）所示，可用于驱动计数器或数据寄存器，以便执行监视计时器功能；也可以和计数器联用，起到计时器的作用。

（4）电池电压下降指示器 M8005。如果 PLC 中供电电池电压下降，M8005 接通，便可以经输出继电器使外部指示灯亮。

（5）禁止输出继电器 M8034。M8034 接通时，全部输出继电器 Y 的输出自动断开，但这不会影响 PLC 内部程序的执行。它常用于 PLC 控制系统发生故障时切断输出，以保持 PLC 内部程序正常执行，这有利于系统故障的检查和排除。

FX 2N系列 PLC 共有 256 个特殊辅助继电器，其功能较多，由于篇幅所限这里就不一一介绍了，读者可参看 PLC 产品手册。

下面以气缸往返运动控制为例介绍断电保存辅助继电器的应用，如表 3 – 3、图 3 – 15 所示。

表 3 – 3　气缸往返 I/O 分配表

输　入		输　出		
设备名称	输入点编号	设备名称	代号	输出点编号
左位磁感应开关	X000	气缸向右运动	电磁阀左位得电	Y000
右位磁感应开关	X001	气缸向左运动	电磁阀右位得电	Y001

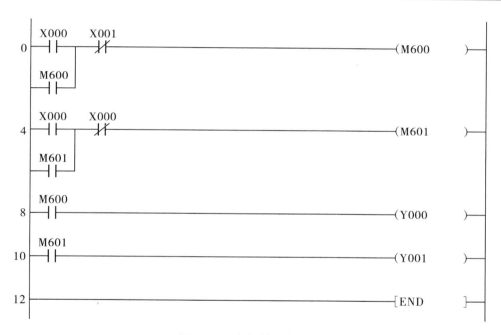

图 3 – 15　气缸往返梯形图

七、电动机

（一）直流电动机

直流电动机是将直流电能转换为机械能的电动机，因其良好的调速性能而在电力拖动中得到广泛应用。

1. 直流电动机的类型

直流电动机的励磁方式是指对励磁绕组产生励磁磁通势而建立主磁场。根据励磁方式的不同，直流电动机可分为下列几种类型，如图 3 – 16 所示。

　　　　　　（a）　　　　　　　　　　　（b）　　　　　　　　　　（c）

图 3 - 16　直流电动机实物图

　　（1）他励直流电动机。励磁绕组与电枢绕组无联接关系，而由其他直流电源对励磁绕组供电的直流电动机，称为他励直流电动机。

　　（2）并励直流电动机。并励直流电动机的励磁绕组与电枢绕组相并联。作为并励电动机，是电动机本身发出来的端电压为励磁绕组供电；作为并励电动机，励磁绕组与电枢共用同一电源，从性能上讲与他励直流电动机相同。

　　（3）串励直流电动机。串励直流电动机的励磁绕组与电枢绕组串联后，再接于直流电源，这种直流电动机的励磁电流就是电枢电流。

　　（4）复励直流电动机。复励直流电动机有并励和串励两个励磁绕组。若串励绕组产生的磁通势与并励绕组产生的磁通势方向相同称为积复励；若两个磁通势方向相反，则称为差复励。

　　2．直流电动机的特点及应用

　　（1）调速性能好。直流电动机可以在重负载条件下实现均匀、平滑的无级调速，而且调速范围较宽。直流电动机一般常用于低电压要求的电路中，例如电动自行车、计算机风扇、收录机电机等就是采用直流电动机作为动力的。

　　（2）启动力矩大。直流电动机可以均匀而经济地实现转速调节。因此，凡是在重负载下启动或要求均匀调节转速的机械，例如大型可逆轧钢机、卷扬机、电力机车、电车等，都用直流。

（二）　交流电动机

　　交流电动机由定子和转子组成，并且定子和转子采用同一电源，所以定子和转子中电流的方向变化总是同步的。交流电动机是根据交流电的特性，在定子绕组中产生旋转磁场，然后使转子线圈做切割磁感线的运动，使转子线圈产生感应电流，感应电流产生的感应磁场和定子的磁场方向相反，才使转子有了旋转力矩。图 3 - 17 所示为交流电动机实物图及原理图。

　　交流电动机的工作效率较高，又没有烟尘、气味，不污染环境，噪声也较小。由于它的一系列优点，它在工农业生产、交通运输、国防、商业及家用电器、医疗电器设备等各方面广泛应用。特别是中小型轧钢设备、矿山机械、机床、起重运输机械、鼓风机、水泵及农副产品加工机械等，大部分采用交流电动机的三相异步电动机来拖动。

（三）　步进电动机

　　步进电动机是将给定的电脉冲信号转变为角位移或线位移的控制元件。

（a）实物图

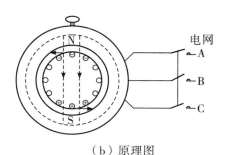

（b）原理图

图 3-17 交流电动机

给定一个电脉冲信号，步进电动机转子就转过相应的角度，这个角度称为该步进电动机的步距角。目前常用的步进电动机的步距角大多为 1.8°（俗称一步）或 0.9°（俗称半步）。以步距角为 0.9°的步进电动机来说，当给步进电动机一个电脉冲信号，步进电动机就转过 0.9°；给两个脉冲信号，步进电动机就转过 1.8°。以此类推，连续给定脉冲信号，步进电动机就可以连续运转。由于电脉冲信号为步进电动机转角存在的这种线性关系，使得步进电动机在速度控制、位置控制等方面得到了广泛的应用。

1. 步进电动机的基本类型

步进电动机按照其作用原理分为永磁式、反应式、混合式三种基本类型。

（1）永磁式步进电动机由四相绕组组成。A 相绕组通电时，转子将转向该相绕组所确定的磁场方向；A 相绕组断电、B 相绕组通电时，就产生一个新的磁场方向，这时，转子就转动一定角度而位于新的磁场方向上。永磁式步进电动机消耗功率较小，步矩角较大；缺点是启动频率和运行频率较低。

（2）反应式步进电动机。在定、转子铁芯的内外表面上设有按一定规律分布的相近齿槽，利用这两种齿槽相对位置变化引起磁路磁阻的变化产生转矩。这种步进电动机步矩角可做到 1°~15°，甚至更小，精度容易保证，启动和运行频率较高；缺点是功耗较大，效率较低。

（3）永磁感应子式步进电动机。又称混合式步进电动机，是永磁式步进电动机和反应式步进电动机两者的结合，兼有两者的优点。

2. 步进电动机的特点及应用

步进电动机的优点是没有累积误差，结构简单，使用、维修方便，制造成本低，步进电动机带动负载惯量的能力大，适用于中小型机床和速度精度要求不高的场所；缺点是效率较低，发热大，有时会"失步"。步进电动机已广泛地应用于数字控制系统中，如数模转换装置、数控机床、计算机外围设备、自动记录仪、钟表等，另外在工业自动化生产线、印刷设备等中亦有应用。

但步进电动机并不能像普通的直流电动机、交流电动机那样在常规下使用，而是至少需要以下三个方面的器件配合才能使用，如图 3-18 所示。

（1）电脉冲信号发生器。它按照给定的设置重复为步进电动机输送电脉冲信号，目前这种信号大多数由 PLC 或单片机来完成。

（2）步进电动机驱动器。也称信号放大器，和步进电动机密不可分，步进电动机的

28

性能主要取决于步进驱动器的性能，它除了对电脉冲信号进行放大、驱动步进电动机转动以外，还可以通过它改善步进电动机的使用性能，一般一种步进电动机可以根据不同的工况具有多种驱动器。

（3）步进电动机。步进电动机的速度控制是靠给定的脉冲比率快慢实现的。当发生脉冲的频率减小时，步进电动机的速度就下降；当频率增长时，速度就加快。还可以通过频率的改变而提高步进电动机的速度或位置精度。

　　　（a）电脉冲信号发生器　　　　　（b）步进电动机驱动器　　　　　（c）步进电动机

图 3 - 18　步进电动机系统的组成部分

步进电动机的位置控制是靠给定的脉冲数量控制的。给定一个脉冲，转过一个步距角，当停止的位置确定以后，也就决定了步进电动机需要给定的脉冲数。

（四）　伺服电动机

伺服电动机又称执行电动机，在自动控制系统中用作执行元件，可使控制速度、位置精度非常准确，把所接收到的电信号转换成电动机轴上的角位移或角速度输出。其主要的特点是：当信号电压为零时无自转现象，转速随着转矩的增加而匀速下降。

伺服系统是使物体的位置、方位、状态等输出被控量能够跟随输入目标（或给定值）的任意变化的自动控制系统。伺服要靠脉冲来定位，伺服电动机接收到 1 个脉冲，就会旋转 1 个脉冲对应的角度，从而实现位移。因为伺服电动机本身具备发出脉冲的功能，所以伺服电动机每旋转一个角度，都会发出对应数量的脉冲，这样，和伺服电动机接收的脉冲形成了呼应，或者叫闭环，如此一来，系统就会知道发了多少脉冲给伺服电动机，同时又收了多少脉冲回来。这样，就能够很精确地控制电动机的转动，从而实现精确的定位，可以达到 0.001 mm。

八、任务实施

1. 输入与输出端口分配

在这个任务中，输入设备有 SB$_1$、SB$_2$ 和 FR；输出设备有 KM（见图 3 - 1）。根据它们与 PLC 中的输入继电器和输出继电器的对应关系，可得 PLC 控制系统的输入/输出（I/O）端口地址分配表，如表 3 - 4 所示。

表 3 - 4 电动机启动停止 I/O 分配表

输 入			输 出		
设备名称	代号	输入点编号	设备名称	代号	输出点编号
启动	SB₁	X000	接触器	KM	Y000
停止	SB₂	X001			
过热保护	FR	X002			

2. 任务分析

方法一：利用梯形图编程。

通过启保停逻辑电路的基本梯形图如图 3 - 19 所示，编程过程如下：

启动条件：X000，直接替换图 3 - 19 内的启动条件。

停止条件：X001、X002，采用串联形式替换图 3 - 19 内的停止条件。

保持条件：Y000，输出结果的保持。

图 3 - 19 启保停电路基本梯形图格式

推出逻辑程序如图 3 - 20 所示。

图 3 - 20 电动机启保停电路梯形图

思考：图 3 - 20 中保持条件 Y000 的右端如果与停止条件 X001、X002 串联的右端并联，即如图 3 - 21 所示，同样能发挥启保停电路的作用。启动条件和停止条件同时触发的情况下，系统处于停止状态。通过结构调整如图 3 - 21、图 3 - 22 所示电动机启保停电路梯形图，当启动条件和停止条件同时触发时，系统处于启动状态。

30

图 3 - 21　电动机启保停电路梯形图

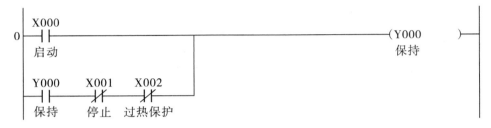

图 3 - 22　电动机启保停电路梯形图

方法二：采用 SET、RST 指令编程。

采用 SET、RST 指令的启保停电路的基本梯形图如图 3 - 23 所示，编程过程如下：

图 3 - 23　SET、RST 指令的启保停电路基本梯形图格式

启动条件：X000，直接替换图 3 - 23 内的启动条件。

停止条件：X001、X002，采用并联形式替换图 3 - 23 内的停止条件。

保持条件：Y000，输出结果的保持。

替换启保停条件后得到梯形图如图 3 - 24 所示。

思考：SET 与 RST 指令同时输出时，即图 3 - 24 中启动条件与停止条件同时触发时，系统处于停止状态，如何才能使用 SET、RST 指令实现启动优先的逻辑控制程序？如图 3 - 25 所示，在停止保持语句中串联启动保持的常闭启动条件，从而在启动停止条件同时触发时屏蔽 RST 指令，触发 SET 指令，实现系统的启动状态。

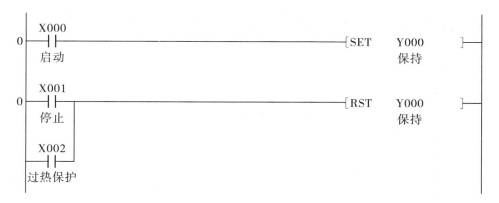

图 3 - 24 SET、RST 指令电动机启保停电路梯形图

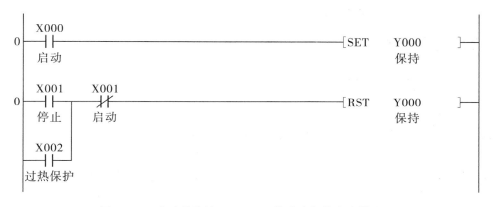

图 3 - 25 启动优先的 SET、RST 指令启保停电路梯形图

3. 运行并调试程序

（1）在断电状态下，连接好 PLC—PPI（目前位置指示器）电缆。

（2）将 PLC 运行模式选择开关拨到"STOP"位置，此时 PLC 处于停止状态，可以进行程序编写。

（3）在作为编程器的计算机上，运行 SWOPC - FXGP/WIN - C 或 GX 编程软件。

（4）分别将本任务分析中的多种梯形图程序或指令程序输入到计算机中。

（5）执行"PLC""传送""写出"命令，将程序文件下载到 PLC 中。

（6）将 PLC 运行模式的选择开关拨到"RUN"位置，使 PLC 进入运行方式。

（7）分别按下如图 3 - 26 所示的启动按钮 SB₁ 和停止按钮 SB₂，对程序进行调试运行，观察程序的运行情况。

（8）记录程序调试的结果。

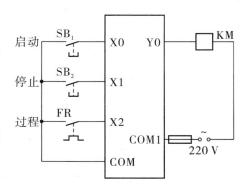

图 3 - 26 三相异步电动机直接启动的
PLC 控制系统外部接线示意图

任务 2 三相异步电动机状态转移启动的控制

一、教学目标

1. 知识目标

（1）掌握 ANB、ORB、MPS、MRD、MPP、MC、MCR 指令。

（2）掌握编程软件 T。

2. 技能目标

（1）会用所学指令和计时器编写梯形图，应用于电动机两种不同状态的运行与转移控制。

（2）能操作编程软件。

（3）会 PLC 的外部接线和调试。

二、任务要求

（一）线路设计思想

Y—△降压启动也称为星形—三角形降压启动。这一线路的设计思想是按时间原则控制启动过程。所不同的是，在启动时将电动机定子绕组接成星形，每相绕组承受的电压为电源的相电压（220 V），减小了启动电流对电网的影响。而在其启动后则按预先整定的时间换接成三角形接法，每相绕组承受的电压为电源的线电压（380 V），电动机进入正常运行。凡是正常运行时定子绕组接成三角形的鼠笼式异步电动机，均可采用这种线路。

（二）典型线路

定子绕组接成 Y—△降压启动的自动控制线路如图 3 - 27 所示。

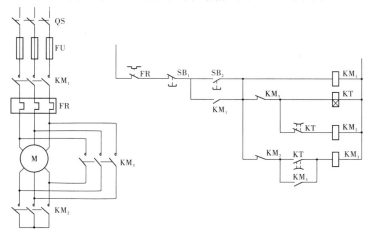

（a）接线示意图　　　（b）继电器电路图

图 3 - 27　Y—△降压启动控制线路

（三）　工作原理

启动：按下启动按钮 SB₂，接触器 KM₁ 线圈得电，电动机 M 接入电源。同时，时间继电器 KT 及接触器 KM₂ 线圈得电。接触器 KM₂ 线圈得电，其常开主触点闭合，电动机 M 定子绕组在星形连接下运行。KM₂ 的常闭辅助触点断开，保证了接触器 KM₃ 不得电。时间继电器 KT 的常开触点延时闭合；常闭触点延时断开，切断 KM₂ 线圈电源，其主触点断开而常闭辅助触点闭合。接触器 KM₃ 线圈得电，其主触点闭合，使电动机 M 由星形启动切换为三角形运行。

停车：按 SB₁，辅助电路断电，各接触器释放，电动机断电停车。

线路在 KM₂ 与 KM₃ 之间设有辅助触点联锁，防止它们同时动作造成短路；此外，线路转入三角形接法运行后，KM₃ 的常闭触点分断，切除时间继电器 KT、接触器 KM₂，避免 KT、KM₂ 线圈长时间运行而空耗电能，可延长其使用寿命。

三相鼠笼式异步电动机采用 Y—△ 降压启动的优点在于：定子绕组星形接法时，启动电压为直接采用三角形接法时的 1/3，启动电流为三角形接法时的 1/3，因而启动电流特性好，线路较简单，投资少。其缺点是启动转矩也相应下降为三角形接法的 1/3，转矩特性差。所以，该线路适用于轻载或空载启动的场合。另外应注意，Y—△ 联接时要注意其旋转方向的一致性。

三、三相异步电动机状态转移启动的控制相关知识

（一）　编程软元件　（计时器 T）

PLC 中的计时器（T）相当于继电器控制系统中的通用型时间继电器，计时器中有一个设定值寄存器、一个当前值寄存器和一个存储其输出触电的映像寄存器。

计时器（T）分为两种：通用型计时器和积算型计时器，如表 3－5 所示。通用型计时器分为 100 ms 计时器和 10 ms 计时器。T0～T199 共 200 点为 100 ms 通用计时器，提供计时范围为：0.1～3 276.7 s。T250～T255 共 6 点为积算型计时器，提供计时范围为：0.1～3 276.7 s；T200～T245 共 46 点为通用型 10 ms 计时器，提供计时范围为：0.01～327.67 s；T246～T249 共 4 点为积算型 1 ms 计时器，提供计时范围为：0.001～32.767 s。见表 3－5。

表 3－5　计时器类型表

项　　目		FX 2N 系列 PLC 性能
通用型	100 ms 计时器	T0～T199　200 点（0.1～3 276.7 s）
	10 ms 计时器	T200～T245　46 点（0.01～327.67 s）
积算型	1 ms 计时器	T246～T249　4 点（0.001～32.767 s）
	100 ms 计时器	T250～T255　6 点（0.1～3 276.7 s）

1. 通用型计时器工作原理

通用型计时器应用时，都要设置一个十进制常数的时间设定值。在程序中，凡数字

前面加有符号"K"的常数都表示十进制常数。计时器线圈通电被驱动后，就开始对时钟脉冲数进行累计，达到设定值时就输出，其所属的输出触点就动作，如图 3 – 28 所示。当计时器断开或断电时，计时器会立即停止定时计数并清零复位。

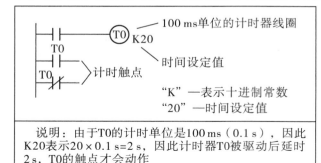
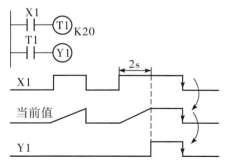

（a）原理图及其说明　　　　　　　　　　（b）时序图

图 3 – 28　通用型计时器原理与时序图

现以图 3 – 28 所示的通用型计时器动作时序图为例，说明其动作过程如下：

当 X1 接通时，非积算型计时器 T1 线圈被驱动，T1 的当前值对 100 ms 脉冲进行加法累积计数，该值与设定值 K20 进行实时比较，当两值相等（100 ms × 20 = 2 s）时，T1 的输出触点接通，输出继电器 Y1 为 ON。当输入条件 X1 断开或发生断电时，计时器立即停止计时并清零复位。从图 3 – 28 中可以看出，当 X1 第一次接通后没有达到 T1 的设定值 X1 就断开了，所以 T1 的当前值立即清零；当 X1 第二次接通后，计时器又开始计时计数，计时器的当前值与设定值相等时，T1 的输出常开触点闭合使 Y1 为 ON，一旦 X1 为 OFF 时，计时器 T1 立即清零复位，当前值为零，输出继电器 Y1 为 OFF。

通用型计时器没有断电保存功能，相当于通电延时继电器。如果要实现断电延时，可采用如图 3 – 29 所示电路。当 X000 断开时，X000 的常闭接点恢复，计时器 T1 开始计时；当 T1 = 250 × 100 ms = 25 s 时，T1 的常闭接点断开，从而实现了断电延时。

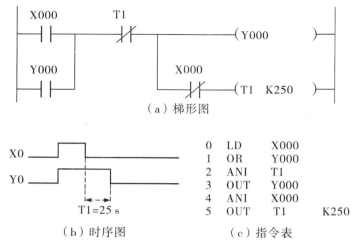

（a）梯形图

（b）时序图　　　　　　　（c）指令表

图 3 – 29　通用型计时器原理与时序图

2. 积算型计时器工作原理

积算型计时器与上述通用型计时器的区别所在，就是积算型计时器计时计数中途，即使计时器的输入断开或断电，计时器线圈失电，其计时计数当前值也能够保持。积算型计时器再次接通或复电时，计时计数继续进行，直到累计延时到等于设定值时，积算型计时器的输出触点就动作。

现以图 3-30 所示的积算型计时器动作时序图为例，说明其动作过程如下：

当 X0 接通时，积算型计时器 T253 线圈被驱动，T253 的当前值对 100 ms 脉冲进行加法累积计数，该值不断与设定值 K345 进行比较，两值相等时，T253 触点动作接通，输出继电器 Y0 为 ON。计数器中途即使 X0 断开或断电，T253 线圈失电，当前值也能保持。输入 X0 再次接通或复电时，定时计数继续进行，直到累计延时到 100 ms × 345 = 34.5 s，T253 触点才输出动作。任何时刻只要复位信号 X1 接通，计时器与输出触点就会立即复位。这种积算型计时器进行延时输出控制时，最大误差为 2 个扫描周期的时间。

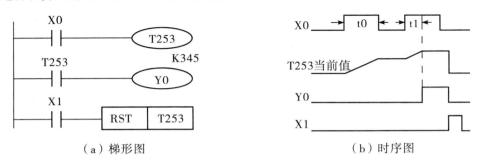

（a）梯形图　　　　　　　　　　　（b）时序图

图 3-30　积算型计时器梯形图与时序图

3. 常数

PLC 的常数是在编程时就预先设定好的，以后在运行的过程中不会改变的数，如设定某个计时器的时间为 10 s，那么 10 就是常数；相对常数就是变量，变量是可以改变数值的，例如我们可以设定某个计时器的时间为 PLC 的内存通道 DM100，然后在运行的过程中赋予 DM100 不同的值。

常数 K 是表示十进制的符号，主要用于指定计时器或者计数器的设定值或应用指令操作中的数值，例如 T0、K5，T0 表示以 100 ms 为周期计时，K5 表示十进制的周期数为 5，即 T0 K5 = 100 ms × 5 = 500 ms。

（二）相关指令

与计时器相关的指令功能如表 3-6 所示。

表 3-6　相关指令功能表

名　称	助记符	目标元件	说　明
或块指令	ORB	无	串联电路块的并联连接
与块指令	ANB	无	并联电路块的串联连接
主控指令	MC	Y、M	公共串联接点的连接

续上表

名　　称	助记符	目标元件	说　　明
主控复位指令	MCR	Y、M	MC 的复位
上升沿产生脉冲指令	PLS	Y、M	输入信号上升沿产生脉冲输出
下降沿产生脉冲指令	PLF	Y、M	输入信号下降沿产生脉冲输出
空操作指令	NOP	无	使步序作空操作

1. 串、并联指令

（1）或块指令 ORB。其功能是使电路块与电路块并联，用于多触点电路块（一般是串联电路块）之间的并联连接。要并联的电路块的起始触点使用 LD 或 LDI 指令，完成电路块内部连接后，用 ORB 指令将它与前面的电路并联。ORB 指令能够连续使用，并联的电路块个数没有限制。

如图 3 - 31 所示，X000、X002 两触点串联，形成一个电路块，X001、X003 两触点串联形成一个电路块。每个电路块的起始语句都是 LD，根据需要可变更为 LDI，两个电路块从逻辑结构上看属于并联结构，所以有两个电路块语句，分别在 0、1 两句和 2、3 两句后添加电路块并联语句 ORB，并将两电路块合并成一个串联电路的并联电路块，X004 为单一触点不形成单独电路块，所以使用 OR X004 指令与之前的整体电路块并联。

（a）梯形图　　　　　　　　　　　　　　（b）指令表

图 3 - 31　ORB 指令说明

（2）与块指令 ANB。其功能是使电路块与电路块串联，用于多触点电路块（一般是并联电路块）之间的串联连接。要串联的电路块的起始触点使用 LD 或 LDI 指令，完成了两个电路块的内部连接后，用 ANB 指令将它与前面的电路串联。ANB 指令能够连续使用，串联的电路块个数没有限制。

图 3 - 32 所示与 ORB 指令类同，可以看出图上分为三个子电路块，其起始语句都为 LD，根据程序需要可变更为 LDI，其中 0、1 两句并联电路块与 2、3 两句并联电路块串联，故在 4 句处插入 ANB 指令，形成 0、1、2、3 句串联电路块，与 5、6 两句串联电路块形成新的并联电路，故在第 7 句处插入 ORB 指令。

将每个电路块看成一个分支电路，每个分支电路的第一个触点就为分支起点，这时，规定要使用 LD 或 LDI 指令。如果第一个触点是常开触点，则要用 LD 指令，不管这个触点是否接左母线；如果第一个触点是常闭触点，则要用 LDI 指令。在电路块操作指令中不存在串联电路块的串联与并联电路块的并联，可以根据电路块的设计绘制相关梯形图，观察其原因。

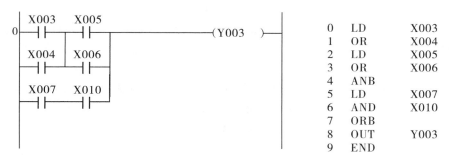

（a）梯形图　　　　　　　　　　　　　（b）指令表

图 3 - 32　ANB 与 ORB 指令综合说明

2. 多重输出电路指令

多重输出电路指令 MPS、MRD、MPP 指令见表 3 - 7。

表 3 - 7　多重输出电路指令 MPS、MRD、MPP 指令表

助记符	名称	梯形图	目标组件	程序步
MPS	进栈		无	1
MRD	读栈		无	1
MPP	出栈		无	1

FX 系列 PLC 有 11 个存储中间运算结果的堆栈存储器，堆栈采用"先进后出"的数据存取方式。

（1）进栈指令 MPS。使用一次 MPS 指令，当时的逻辑运算结果压入栈的第一层，即栈顶，栈中原来的数据依次向下一层推移。

（2）读栈指令 MRD。读出由 MPS 指令存储的逻辑运算结果。MRD 指令用来读出栈顶的数据，栈内的数据不会上移或下移。

（3）出栈指令 MPP。读出并清除由 MPS 指令存储的逻辑运算结果。使用 MPP 指令时，各层的数据向上移动一层，最上层的数据在读出后从栈内消失。

说明：

① 在可编程控制器中有 11 个存储器，用来存储运算的中间结果，被称为栈存储器。使用 MPS 指令一次将此刻的运算结果存储进入堆栈的第一层，而将原来的第一层数据存入下一层；使用 MPP 指令，各数据按顺序向上移动，最上层数据被读出，同时该数据消失；MRD 指令为读取最上层数据，栈内数据不动。MPS 和 MPP 必须成对使用，不能重复使用超过 11 次。

② MPS、MRD、MPP 实际上是用来解决如何对具有分支的梯形图进行编程的一组指令，用于多重输出电路：

　　a. MPS 指令用于存储电路中有分支处的逻辑运算结果，其功能是将左母线到分支点之间的逻辑运算结果存储起来，以备下面处理有线圈的支路时可以调用该运算结果。每使用一次 MPS 指令，当时的逻辑运算压入堆栈的第一层，堆栈中原来的数据依次向下一层推移。

　　b. MPS 指令可将多重电路的公共触点或电路块先存储起来，以便后面的多重输出支路使用。多重电路的第一个支路前使用 MPS 进栈指令，多重电路的中间支路前使用 MRD 读栈指令，多重电路的最后一个支路前使用 MPP 出栈指令。该组指令没有操作元件。

　　c. MRD 指令用在 MPS 指令支路以下、MPP 指令以上的所有支路。其功能是读取存储在堆栈最上层的电路中分支点处的运算结果，将下一个触点强制性地连接在该点。读取后堆栈内的数据不会上移或下移。这实际上是将左母线到分支点之间的梯形图同当前使用的 MRD 指令的支路连接起来的一种编程方式。

　　d. MPP 指令用在梯形图分支点处最下面的支路，也就是最后一次使用由 MPS 指令存储的逻辑运算结果，其功能是先读出由 MPS 指令存储的逻辑运算结果，与当前支路进行逻辑运算，最后将 MPS 指令存储的内容清除，结束分支点处所有支路的编程。使用 MPP 指令时，堆栈中各层的数据向上移动一层，最上层的数据在读出后从栈区内消失。

　　e. 当分支点以后有很多支路时，在用过 MPS 指令后，反复使用 MRD 指令，当使用完毕，最后一条支路必须用 MPP 指令结束该分支点处所有支路的编程。处理最后一条支路时必须使用 MPP 指令，而不是 MRD 指令。

　　f. 用编程软件生成梯形图程序后，如果将梯形图转换为指令表程序，编程软件会自动加入 MPS、MRD 和 MPP 指令。写入指令表程序时，必须由用户来写入 MPS、MRD 和 MPP 指令。

　　如图 3-33、图 3-34 所示，每一条 MPS 指令必须对应一条 MPP 指令，处理最后一条支路时必须使用 MPP 指令，而不是 MRD 指令。

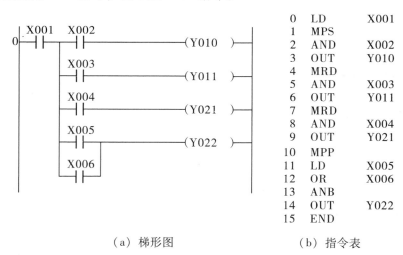

（a）梯形图　　　　　　　　（b）指令表

图 3-33　一层堆栈

　　思考：若图 3-33 中的 X002 触点从梯形图上取消，梯形图结构和指令语句的结构有什么变化？若图 3-34 中 X002 和 X004 全部取消和部分取消，梯形图结构和指令语句的

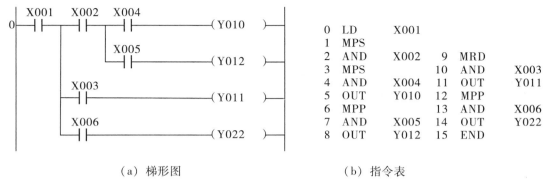

（a）梯形图   （b）指令表

图 3 - 34　使用多层栈

结构又有什么变化？

3. 主控指令与主控复位指令

（1）主控指令 MC。通过其操作元件的常开触点将左母线临时移到一个所需的位置，产生一个临时左母线，形成一个主控电路块。操作元件为 M、Y。

（2）主控复位指令 MCR。取消临时左母线，即将左母线返回到原来位置，结束主控电路块。无操作元件。

说明：

① 不能用特殊辅助继电器。

② 执行 MC 指令后，必须用取指令开始写指令。

③ 执行完 MC 指令后，必须用 MCR 指令使左母线由临时位置返回原来位置。

④ MC 指令可以嵌套使用，嵌套编号为 N0～N7 从小到大按顺序增加，并且顺序不能颠倒；返回时（MCR 指令）必须按 N7～N0 的顺序从大到小逐步进行返回。

在编程时，经常会遇到许多线圈同时受一个或一组触点控制的情况，如果每个线圈的控制电路中都串入同样的触点，将占用许多存储单元，主控指令可以解决这一问题。使用主控指令的触点称为主控触点，它在梯形图中与一般触点垂直，主控触点是控制一组电路的总开关。MC 指令不能直接从左母线开始。与主控触点相连的触点必须用 LD 或 LDI 指令，即执行 MC 指令后，母线移到主控触点的后面，MCR 指令使母线回到原来的位置。当主控指令的控制条件为逻辑 0 时，在 MC 与 MCR 之间的程序只是处于停控状态，PLC 仍然扫描这一段程序，不能简单地认为 PLC 跳过了此段程序，其中的积算型计时器、计数器、用复位/置位指令驱动的软元件保持其当时的状态，其余的元件被复位，如非积算型计时器和用 OUT 指令驱动的元件变为 OFF。

如图 3 - 35 所示的程序中，X000 为两支路的公共部分电路。

举例：

双重联锁正反转控制电路原理图如图 3 - 36 所示，如果直接转换，则为如图 3 - 37 所示的梯形图，如果使用 MC 主控指令转换，则如图 3 - 38 所示的梯形图。

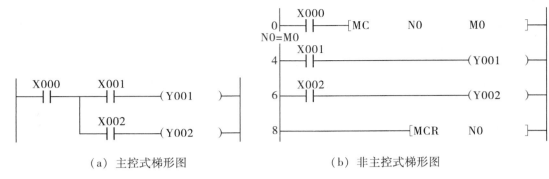

（a）主控式梯形图　　　　　　　（b）非主控式梯形图

图 3 - 35　非主控与主控方式梯形图

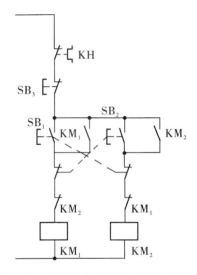

图 3 - 36　双重联锁正反转控制电路原理图

	0	LDI	X000	9	MPP	
	1	ANI	X003	0	LD	X002
	2	MPS		1	OR	Y002
	3	LD	X001	2	ANB	
	4	OR	Y001	3	ANI	Y001
	5	ANB		4	ANI	X001
	6	ANI	Y002	5	OUT	Y002
	7	ANI	X002	6	END	
	8	OUT	Y001			

（a）梯形图　　　　　　　　　　（b）指令表

图 3 - 37　直接转换的梯形图

4. 脉冲输出指令

（1）上升沿产生脉冲指令 PLS。指在驱动条件成立时，在输入信号的上升沿使输出继电器接通一个扫描周期时间。

（2）下降沿产生脉冲指令 PLF。指在驱动条件成立时，在输出信号的下降沿使输出

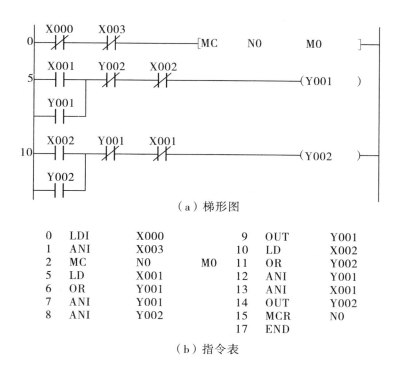

（a）梯形图

0	LDI	X000		9	OUT	Y001
1	ANI	X003		10	LD	X002
2	MC	N0	M0	11	OR	Y002
5	LD	X001		12	ANI	Y001
6	OR	Y001		13	ANI	X001
7	ANI	Y001		14	OUT	Y002
8	ANI	Y002		15	MCR	N0
				17	END	

（b）指令表

图 3-38 MC 主控指令转化后的梯形图

继电器接通一个扫描周期时间。

说明：

① PLS 和 PLF 指令能够操作的元件为 Y 和 M，但不含特殊辅助继电器。

② PLS 和 PLF 指令只有在检测到触点的状态发生变化时才有效，如果触点一直是闭合或者断开，PLS 和 PLF 指令是无效的，即指令只对触发信号的上升沿和下降沿有效。动作如图 3-39 所示。

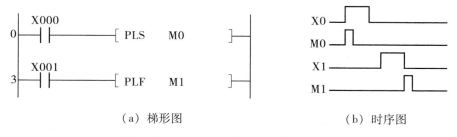

（a）梯形图 （b）时序图

图 3-39 PLS、PLF 梯形图与动作时序图

5. 取反指令

取反指令 INV 的功能是将该指令所处行的逻辑运算结果取反后输出。即运算结果如为逻辑 0 则将它变为逻辑 1，运算结果为逻辑 1 则将其变为逻辑 0。

如图 3-40 所示，如果 X000 和 X001 两者中一个为 ON，则 Y000 为 OFF；如果 X000 和 X001 同时为 OFF，则 Y000 为 ON。

（a）梯形图   （b）指令表

图 3-40　INV 指令使用方法

6. 空操作指令

空操作指令 NOP 是一条无动作、无目标元件的 1 程序步指令。空操作指令使该步序作空操作。用 NOP 指令替代已写入指令，可以改变电路；在程序中加入 NOP 指令，在改动或追加程序时可以减少步序号的改变。

7. 程序结束指令

程序结束指令 END 是一条无目标元件的 1 程序步指令。PLC 反复进行输入处理、程序运算、输出处理，若在程序最后写入 END 指令，则 END 以后的程序就不再执行，直接进行输出处理。在程序调试过程中，按段插入 END 指令，可以按顺序扩大对各程序段动作的检查。采用 END 指令将程序划分为若干段，在确认处于前面电路块的动作正确无误之后，依次删去 END 指令。要注意的是，在执行 END 指令时，也刷新监视时钟。

四、任务实施

1. 输入与输出点分配

表 3-8　电动机输入与输出点分配表

输　入			输　出		
设备名称	代号	输入点编号	设备名称	代号	输出点编号
停止按钮	SB₁	X001	主工作及自保继电器	KM	Y000
启动按钮	SB₂	X002	星形连接交流接触器	KM₃	Y001
热继电器（常开触点）	FR	X003	三角形连接交流接触器	KM₂	Y002

2. PLC 接线示意图

见本项目任务 2 的图 3-27。

3. 梯形图和指令程序设计

按照接线示意图 3-27 直接转换梯形图如图 3-41 所示。

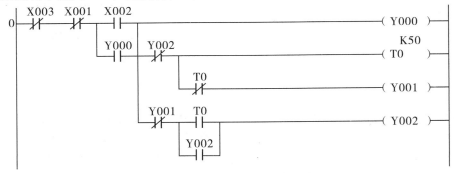

图 3-41　电动机启动状态转移梯形图

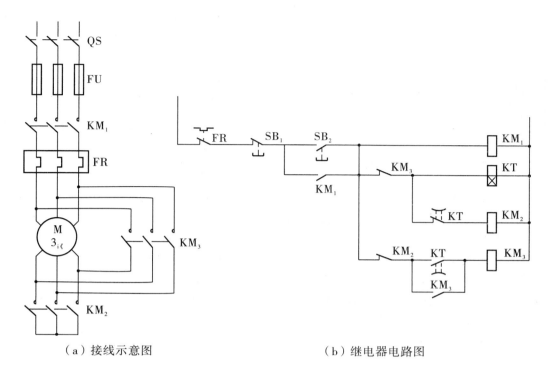

（a）接线示意图　　　　　　　　　（b）继电器电路图

图 3 - 42　PLC 接线示意图与继电器电路图

练习将图 3 - 42 转化为指令语句形式，如图 3 - 43 所示。

0	LDI	X003		11	ANI	T0
1	ANI	X001		12	OUT	Y001
2	LD	X002		13	MPP	
3	OR	Y000		14	ANI	Y001
4	ANB			15	LD	T0
5	OUT	Y000		16	OR	Y002
6	MPS			17	ANB	
7	ANI	Y002		18	OUT	Y002
8	OUT	T0	K50	19	END	

图 3 - 43　电动机启动指令表

4. 电路优化

用辅助继电器，采用任务 1 启保停电路优化步骤如下：

（1）确定状态数量及名称。经过分析，确定本项目具有运行状态 M1（ON）和停止状态 M1（OFF）两种。运行状态分为两个状态，分别为星形连接状态及三角形连接状态。

（2）分析运行标志辅助继电器 M1 的启保停条件，确定部分梯形图结构如图 3 - 44 所示。

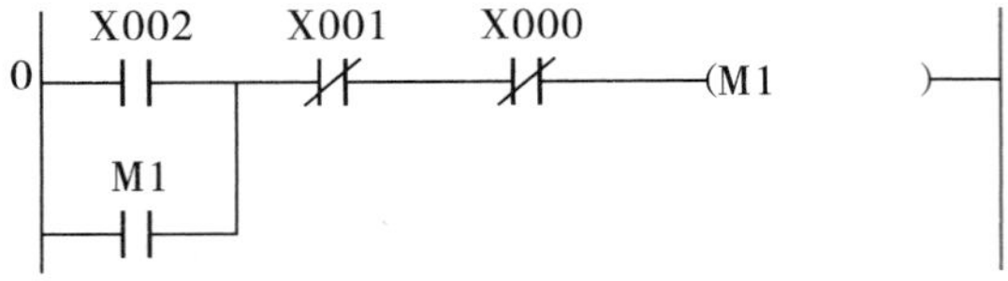

图 3-44　M1 状态梯形图 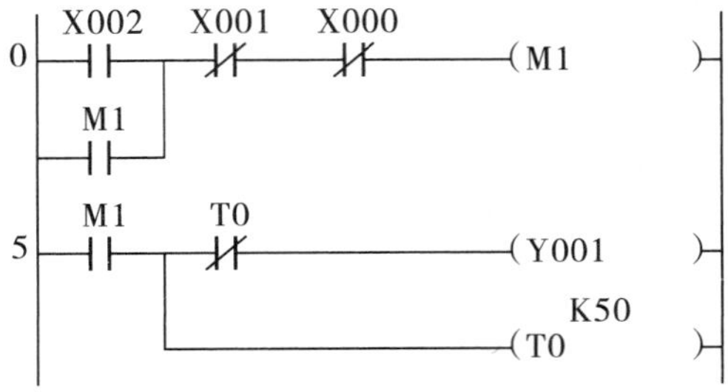　　　　　　图 3-45　计时器输出

（3）运行 M1 状态下，根据原理可知，首先 Y000 保持持续输出，Y001 输出时间持续 5 s。因此，在图 3-45 所示位置插入常闭计时器 T0 用于到时停止，其位置不能改变，如果变化则结果不同。

（4）完成步骤（3）时，程序已经能输出 5 s 的 Y001 并到时停止，接下来计时器 T0 计时到位后输出 Y002 并保持，同时添加主继电器 Y000 的控制程序，如图 3-46（a）所示，此处 Y002 的输出不需要启保停电路，主要是因为计时器的工作原理，即 M1 驱动计时到位后，T0 会保持运算结果。将其转换为指令表形式，如图 3-46（b）所示。

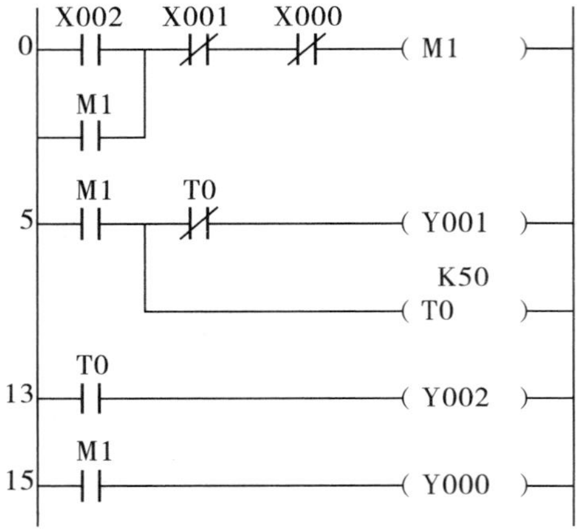

0	LD	X002	
1	OR	M1	
2	ANI	X001	
3	ANI	X000	
4	OUT	M1	
5	LD	M1	
6	MPS		
7	ANI	T0	
8	OUT	Y001	
9	MPP		
10	OUT	T0	K50
13	LD	T0	
14	OUT	Y002	
15	LD	M1	
16	OUT	Y000	
17	END		

（a）梯形图　　　　　　（b）指令表

图 3-46　启保停转化梯形图

五、综合练习

1. 计时器认识实验

计时器的控制逻辑是经过时间继电器的延时动作，然后产生控制作用。其控制作用与一般继电器相同。

实验参考程序如下：

表3-9   实验参考程序1

步序	指令	器件号	说　明
0	LD	X001	输入
1	OUT	T0	延时5 s
2		K50	
3	LD	T0	
4	OUT	Y000	延时时间到，输出
5	END		程序结束

请根据指令画出梯形图。

2. 计时器扩展实验

PLC的计时器和计数器都有一定的定时范围和计数范围，如果需要的设定值超过机器范围，我们可以通过几个计时器和计数器的串联组合来扩充设定值的范围。

实验参考程序如下：

表3-10   实验参考程序2

步序	指令	器件号	说　明
0	LD	X001	输入
1	OUT	T0	延时5 s
2		K50	
3	LD	T0	
4	OUT	T1	延时3 s
5		K30	
6	LD	T1	
7	OUT	Y000	延时时间到，输出
8	END		程序结束

3. 应用计时器的闪烁电路

通过开关X000（具备自锁功能）控制两盏灯的1 s周期的闪烁，各亮0.5 s，参考程序梯形图如图3-47所示，请参考启保停电路及SET、RST指令，重新编制控制程序。

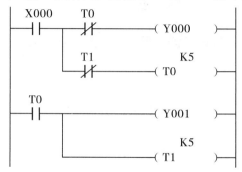

图3-47   计时器的闪烁电路梯形图

机电控制技术

46

项目四　十字路口交通灯

一、学习目标

（1）掌握十字路口交通信号灯的控制原理。
（2）掌握 PLC 计时器、计数器的使用方法。

二、实践目标

（1）应用 PLC－2 型可编程控制器实验台编制交通信号灯 PLC 自动控制程序。
（2）利用实验器材对硬件进行接线及控制。

三、知识储备

交通信号灯 PLC 自动控制演示板结构如图 4－1 所示。

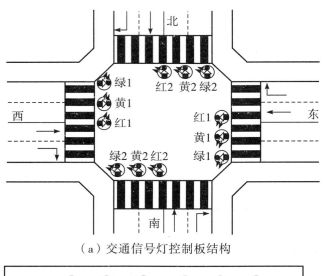

（a）交通信号灯控制板结构

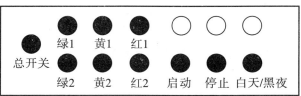

（b）按钮与开关

图 4－1　十字路口交通灯信号示意图

（一） 实验原理与实验步骤

1. 控制信号

本装置与交通信号实际控制一致，采用 LED 模拟信号灯，信号灯分东西、南北两组，分别有"红""黄""绿"三种颜色。其工作状态由 PLC 程序控制，"启动""停止"按钮分别控制信号灯的启动和停止。"白天/黑夜"开关控制信号灯白天/黑夜转换。

2. 控制要求

对"红""黄""绿"灯控制要求如下：

（1）假设东西方向交通比南北方向繁忙 1 倍，因此东西方向的绿灯通行时间也相应多 1 倍。

（2）按"启动"按钮开始工作，按"停止"按钮停止工作；"白天/黑夜"开关按下闭合时为黑夜工作状态，这时只有黄灯闪烁。

（3）根据具体情况还可增加控制要求，如紧急控制，某一方向绿灯常亮。

3. 实验步骤

（1）打开 PLC－2 型实验台电源，编程器与 PLC 连接。

（2）根据具体情况编制输入程序，并检查是否正确。

（3）实验台与实验模块连接，检查连线是否正确。

（4）按下启动按钮，观察运行结果。

（二） 认识计数器

FX 2N 系列 PLC 的计数器如表 4－1 所示，分内部信号计数器（简称内部计数器）和外部高速计数器（简称高速计数器 HSC）。

表 4－1 FX 2N 系列 PLC 的计数器

PLC		FX 2N
内部计数器	16 位通用计数器	100（C0 ~ C99）
	16 位电池后备/锁存计数器	100（C100 ~ C199）
	32 位通用双向计数器	20（C200 ~ C219）
	32 位电池后备/锁存双向计数器	15（C220 ~ C234）
外部高速计数器	32 位高速双向计数器（HSC）	21（C235 ~ C255）

1. 内部计数器

内部计数器是在执行扫描操作时对内部信号（如 X、Y、M、S、T 等）进行计数。内部输入信号的接通和断开时间应比 PLC 的扫描周期稍长。

（1）16 位增计数器。16 位增计数器（C0 ~ C199）共 200 点，其中 C0 ~ C99 为通用型，C100 ~ C199 共 100 点为断电保持型（断电后能保持当前值，待通电后继续计数）。这类计数器为递加计数，应用前先对其设置一设定值，当输入信号（上升沿）个数累加到设定值时，计数器动作，其常开触点闭合、常闭触点断开。计数器的设定值为 1 ~ 32 767（16 位二进制），设定值除了用常数 K 设定外，还可间接通过指定数据寄存器设定。

下面举例说明通用型 16 位增计数器的工作原理。

如图 4-2 所示，X010 为复位信号，当 X010 为 ON 时 C0 复位。X011 是计数输入，每当 X011 接通一次计数器当前值增加 1（注意 X010 断开，计数器不会复位）。当计数器计数当前值为设定值 10 时，计数器 C0 的输出触点动作，Y000 被接通。此后即使输入 X011 再接通，计数器的当前值也保持不变。当复位输入 X010 接通时，执行 RST 复位指令，计数器复位，输出触点也复位，Y000 被断开。

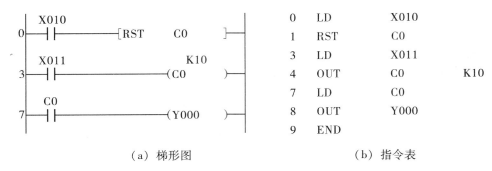

（a）梯形图　　　　　　　　　　（b）指令表

图 4-2　16 位增计数器举例

（2）32 位增/减计数器。32 位增/减计数器（C200 ~ C234）共有 35 点，其中 C200 ~ C219（共 20 点）为通用型，C220 ~ C234（共 15 点）为断电保持型。这类计数器与 16 位增计数器相比，除位数不同外，还在于它能通过控制来实现增/减双向计数。设定值范围均为 -214 783 648 ~ +214 783 647（32 位）。

C200 ~ C234 是增计数还是减计数，分别由特殊辅助继电器 M8200 ~ M8234 设定。对应的特殊辅助继电器被置为 ON 时为减计数，置为 OFF 时为增计数。

计数器的设定值与 16 位计数器一样，可直接用常数 K 或间接用数据寄存器（D）的内容作为设定值。在间接设定时，要用编号紧连在一起的两个数据计数器。

下面举例说明 32 位增/减计数器的工作原理。

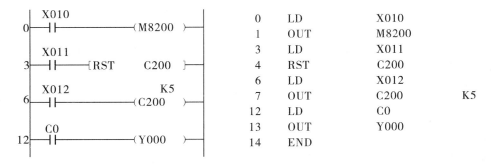

图 4-3　32 位增/减计数器举例

如图 4-3 所示，X010 用来控制 M8200，X010 闭合时为减计数方式。X012 为计数输入，C200 的设定值为 5（可正、可负）。设 C200 置为增计数方式（M8200 为 OFF），当 X012 计数输入累加由 4→5 时，计数器的输出触点动作，当前值大于 5 时计数器仍为 ON 状态；只有当前值由 5→4 时，计数器才变为 OFF，当前值小于 4 则输出保持为 OFF 状态。复位输入 X11 接通时，计数器的当前值为 0，输出触点也随之复位。

如表 4-2 所示，32 位双向计数器的增/减计数方式由特殊辅助继电器 M8200～M8234 设定，当对应的特殊辅助继电器为 ON 时，为减计数，反之，为加计数。

表 4-2　32 位双向计数器增减控制

计数器	方向控制	状 态	
		82×× ON	82×× OFF
C200	M8200	减计数	增计数
C201	M8201	减计数	增计数
⋮	⋮	⋮	⋮
C233	M8233	减计数	增计数
C234	M8234	减计数	增计数

2. 外部高速计数器

外部高速计数器（C235～C255）与内部计数器相比，除允许输入频率高之外，应用也更为灵活。高速计数器均有断电保持功能，通过参数设定也可变成非断电保持。FX 2N 有 C235～C255 共 21 点高速计数器。适合用来作为高速计数器输入的 PLC 输入端口有 X0～X7。X0～X7 不能重复使用，即某一个输入端口如已被某个高速计数器占用，它就不能再用于其他高速计数器。各高速计数器对应的输入端如表 4-3 所示。

表 4-3　高速计数器简表

高速计数器		X0	X1	X2	X3	X4	X5	X6	X7
单相 单计数 输入	C235	U/D							
	C236		U/D						
	C237			U/D					
	C238				U/D				
	C239					U/D			
	C240						U/D		
	C241	U/D	R						
	C242			U/D	R				
	C243				U/D	R			
	C244	U/D	R					S	
	C245			U/D	R				S

续上表

高速计数器		X0	X1	X2	X3	X4	X5	X6	X7
单相双计数输入	C246	U	D						
	C247	U	D	R					
	C248				U	D	R		
	C249	U	D	R				S	
	C250				U	D	R		S
双相	C251	A	B						
	C252	A	B	R					
	C253				A	B	R		
	C254	A	B	R				S	
	C255				A	B	R		S

注：表4-3中，U表示增计数输入，D为减计数输入，B表示B相输入，A为A相输入，R为复位输入，S为启动输入。X6、X7只能用作启动信号，而不能用作计数信号。

高速计数器可分为以下四类。

（1）单相单计数输入高速计数器（C235～C245）。其触点动作与32位增/减计数器相同，可进行增或减计数（取决于M8235～M8245的状态）。

下面举例说明单相单计数输入高速计算器的工作原理：

如图4-4所示为无启动/复位端单相单计数输入高速计数器的应用。当X010断开，M8235为OFF，此时C235为增计数方式（反之为减计数）。由X012选中C235，从表4-3中可知其输入信号来自于X010，C235对X0信号增计数，当前值达到1 234时，C235常开接通，Y000得电。X011为复位信号，当X011接通时，C235复位。

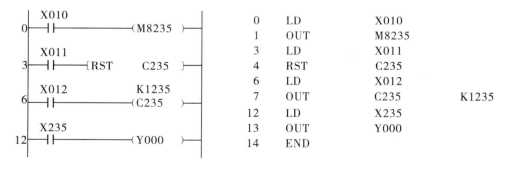

（a）梯形图　　　　　　　　　　　　（b）指令表

图4-4　无启动/复位端单相单计数输入高速计数器举例

又如图 4-5 所示为带启动/复位端单相单计数输入高速计数器的应用。由表 4-3 可知，X1 和 X6 分别为复位输入端和启动输入端。利用 X010 通过 M8244 可设定其增/减计数方式。当 X012 接通，且 X6 也接通时，则开始计数，计数的输入信号来自于 X0，C244 的设定值由 D0 和 D1 指定。除了可用 X1 立即复位外，也可用梯形图中的 X011 复位。

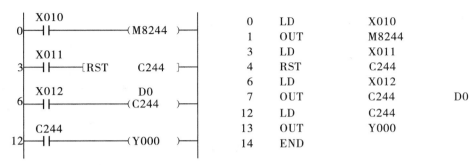

（a）梯形图　　　　　　　　　　　（b）指令表

图 4-5　带启动/复位端单相单计数输入高速计数器举例

（2）单相双计数输入高速计数器（C246～C250）。这类高速计数器有两个输入端，一个为增计数输入端，另一个为减计数输入端。利用 M8246～M8250 的 ON/OFF 动作可监控 C246～C250 的增/减计数动作。

下面举例说明单相双计数输入计数器的工作原理：

如图 4-6 所示，X010 为复位信号，其有效（ON）则 C248 复位。由表 4-3 可知，也可利用 X5 对其复位。当 X011 接通时，选中 C248，输入来自 X3 和 X4 的信号。

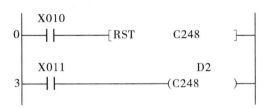

图 4-6　单相双计数输入高速计数器举例

（3）双相高速计数器（C251～C255）。A 相和 B 相信号决定计数器是增计数还是减计数。当 A 相为 ON 时，B 相由 OFF 到 ON，则为增计数；当 A 相为 ON 时，若 B 相由 ON 到 OFF，则为减计数。

下面举例说明双相高速计数器的工作原理：

如图 4-7 所示，当 X012 接通时，C251 计数开始。由表 4-3 可知，其输入来自 X0（A 相）和 X1（B 相）。只有当计数使当前值超过设定值，则 Y002 为 ON。如果 X011 接通，则计数器复位。根据不同的计数方向，Y003 为 ON（增计数）或为 OFF（减计数），即用 M8251～M8255，可监视 C251～C255 的增/减计数状态。

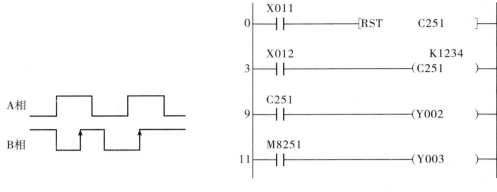

（a）增计数　　　　　　　　　（b）梯形图

图 4 - 7　双相高速计数器举例

注意：高速计数器的计数频率较高，它们的输入信号的频率受两方面的限制：一是全部高速计数器的处理时间，因它们采用中断方式，所以计数器用得越少，则可计数频率就越高；二是输入端的响应速度，其中 X0、X2、X3 最高频率为 10 kHz，X1、X4、X5 最高频率为 7 kHz。

四、编程分析

1. 分析 I/O 地址分配清单

十字路口交通灯 I/O 地址分配如表 4 - 4 所示。

表 4 - 4　I/O 地址分配表

输入地址	启动按钮	X0		停止按钮	X1	
	晚上开关	X2		南北通行	X3	
	东西通行	X4				
输出地址	红 1	Y0	黄 1	Y1	绿 1	Y2
	红 2	Y3	黄 2	Y4	绿 2	Y5

2. 接线图

十字路口交通灯接线如图 4 - 8 所示。

注意：FX 系列的输出继电器的公共端：FX 2N - 32MR 为 COM0 ~ COM4；FX 2N - 48MR 为 COM0 ~ COM5；FX 1N - 60MR 为 COM0 ~ COM7。

启动	X0			Y0	红1
停止	X1	可编程控制器实验台		Y1	黄1
晚上	X2			Y2	绿1
东西	X3			Y3	红2
南北	X4			Y4	黄2
				Y5	绿2
				COM0～COM5	+24 V

图 4 - 8　十字路口交通灯接线示意图

3. 程序分析

十字路口交通灯示意图见图 4 - 1。

（1）通过系统动作分析，显然在不同的时间段红黄绿三个灯都有亮和灭的动作，为避免双线圈的输出导致输出结果错误，需进行如表 4 - 5 所示的辅助继电器与输出 Y 的分配。

表 4 - 5　辅助继电器与输出 Y 的对应分配表

红 1 Y0	黄 1 Y1	绿 1 Y2	红 2 Y3	黄 2 Y4	绿 2 Y5
M00	M10	M20	M30	M40	M50
M01	M11	M21	M31	M41	M51
M02	M12	M22	M32	M42	M52
M03	M13	M23	M33	M43	M53
M04	M14	M24	M34	M44	M54

（2）根据图 4 - 1 及工作原理分析：启动按钮 X0 按下后，东西路口通行，南北路口通行停止。因此，绿 1Y2 亮 20 s 后黄 1Y1 闪烁 3 s（1 s 为周期，0.5 s 亮灭交替，先灭后亮），同时红 2Y3 亮 23 s。此过程有如下动作特点：

①红 2 为一直亮 23 s 的状态，使用 M30（根据表 4 - 5 可知 M30 等同于 Y3）作为这个状态的标志。其梯形图如图 4 - 9 所示。

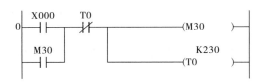

图 4 - 9　M30 状态持续梯形图

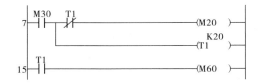

图 4 - 10　绿 1 和黄 1 得电延时启动梯形图

②绿 1 和黄 1 为得电延时启动标准电路。此处，考虑到黄 1 为闪烁状态，其输出结果不唯一，所以采用辅助继电器 M60 代替，定位 M60 为黄 1 闪烁条件。其梯形图如图 4 - 10 所示。

54

③ 黄 1 为标准闪烁电路（先灭后亮各 0.5 s）。其梯形图如图 4 – 11 所示。

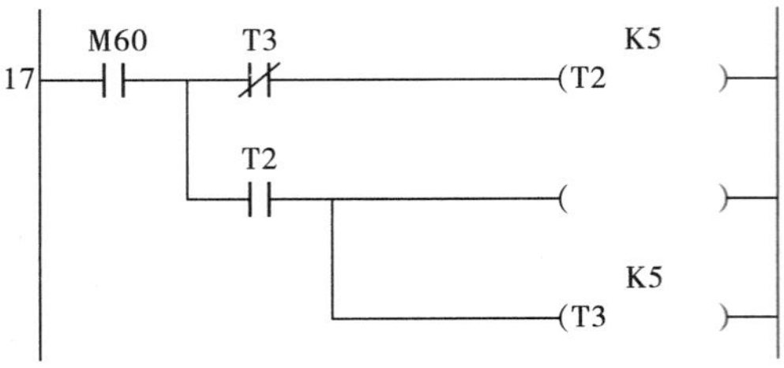

图 4 – 11 闪烁梯形图

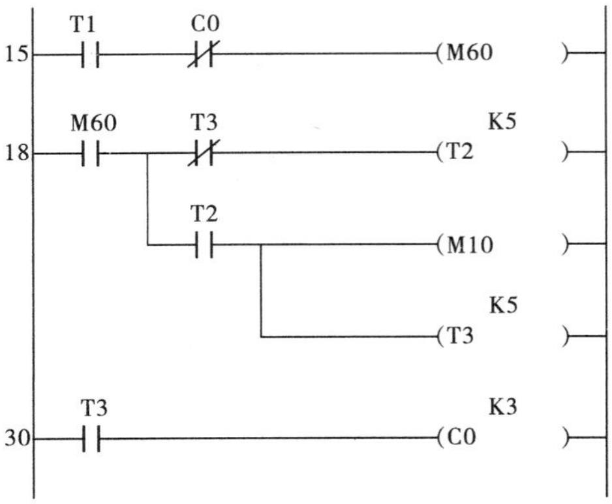

图 4 – 12 闪烁计数停止梯形图

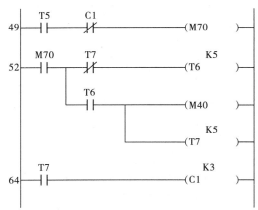

④ 黄 1 闪烁次数为 3 次。在图 4 – 10 及图 4 – 11 基础上通过闪烁周期结束计时器 T3 驱动计数器 C0，并根据程序设计在梯形图第 15 句中添加状态结束常闭开关 C0，停止闪烁状态。其梯形图如图 4 – 12 所示。

⑤ 计数 3 次后，整个系统转入红 1 持续 23 s 点亮的状态，使用 M00（根据表 4 – 5 可知 M00 等同于 Y0）作为这个状态的标志。同时驱动绿 2 点亮 M50 闪烁 20 s，其梯形图如图 4 – 13 所示。

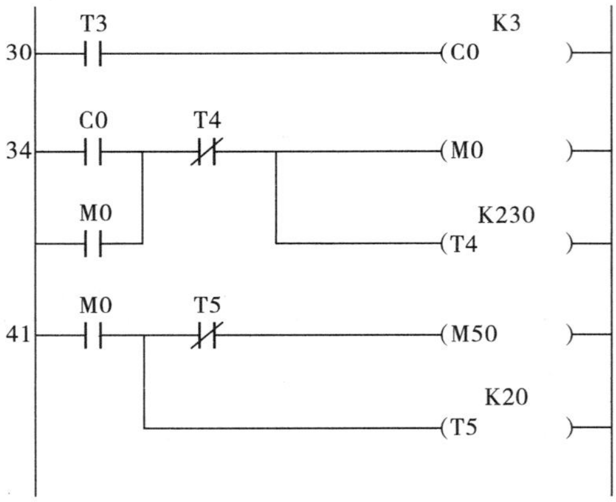

图 4 – 13 绿 2 点亮 20 s、红 1 点亮 23 s 梯形图

图 4 – 14 黄 2 闪烁梯形图

⑥ 黄 2 闪烁次数为 3 次。在图 4 – 12 及图 4 – 13 基础上通过闪烁周期结束计时器 T7 驱动计数器 C0，并根据程序设计在梯形图第 15 句中添加状态结束常闭开关 C1，停止闪烁状态，如图 4 – 14 所示。

⑦ 系统为两个状态循环，因此计数器必须重置。重置计数器的位置选择成为程序编制难点。其梯形图如图 4 – 15 所示。

⑧ 设置东西向通行，X3 为自锁开关。通过表 4 – 5 可知，M21/M31 等价于 Y2/Y3，设置南北向通行，X4 为自锁开关。通过表 4 – 5 可知 M51/M01 等价于 Y5/Y0。其梯形图如图 4 – 16 所示。

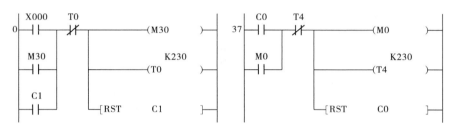

图 4 – 15　计数器重置梯形图

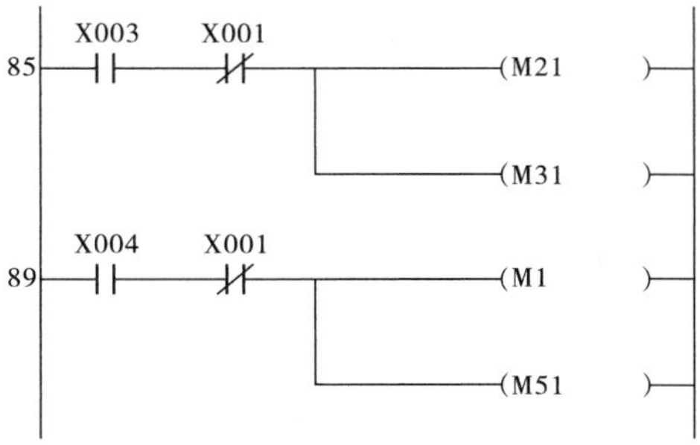

图 4 – 16　东西向和南北向通行梯形图

⑨ 同时，必须在正常工作的两个状态（即停止 M30 和 M00 两个状态）下，因此采用常闭开关 X3、X4 用于停止这两个状态。其梯形图见如 4 – 17 所示。

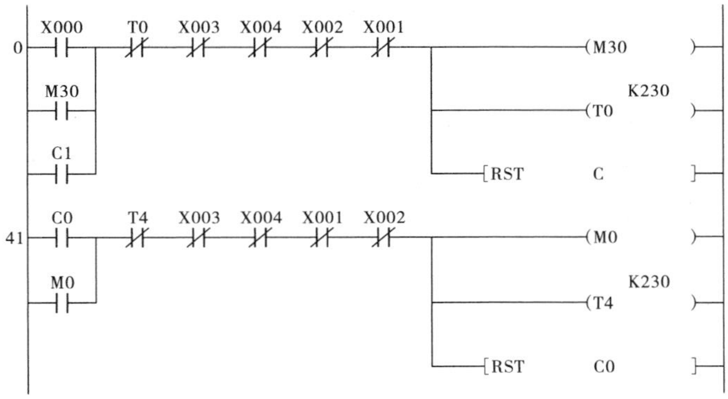

图 4 – 17　特殊情况停止梯形图

⑩ 夜间南北向和东西向黄灯闪烁带停止功能。其梯形图如图 4 – 18 所示。

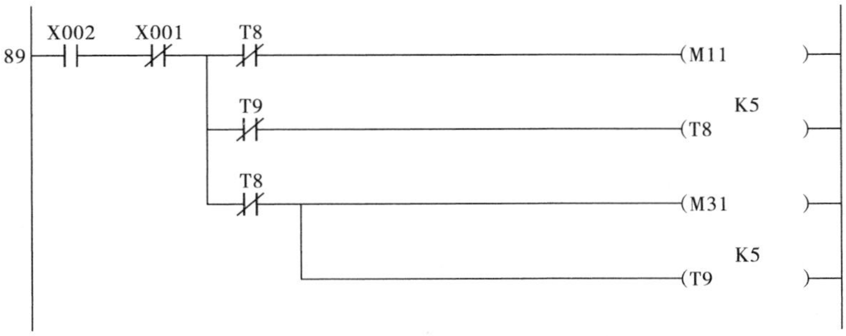

图 4 – 18　夜间带停止功能的双黄灯闪烁梯形图

56

⑪ 总程序梯形图如图4-19所示，指令语句如图4-20所示。

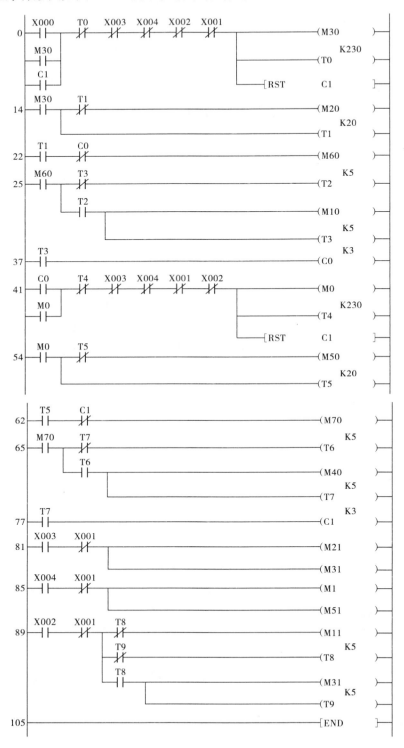

图4-19　十字路口交通灯梯形图

0	LD	X000	
1	OR	M30	
2	OR	C1	
3	ANI	T0	
4	AI	X003	
5	ANI	X004	
6	ANI	X002	
7	ANI	X001	
8	OUT	M30	
9	OUT	T0	K230
12	RSI	C1	
14	LD	M30	
15	MPS		
16	ANI	T1	
17	OUT	M20	
18	MPP		
19	OUT	T1	K20
22	LD	T1	
23	ANI	C0	
24	OUT	M60	
25	LD	M60	
26	MPS		
27	ANI	T3	
28	OUT	T2	K5
31	MPP		
32	ANO	T2	
33	OUT	M10	
34	OUT	T3	K5
37	LD		
38	OUT	C0	K3
41	LD	C0	
42	OR	M0	
43	ANI	T4	
44	ANI	X003	
45	ANI	X004	
46	ANI	X001	
47	ANI	X002	
48	OUT	M0	
49	OUT	T4	K230
52	RST	C0	
54	LD	M0	
55	MPS		
56	ANI	T5	
57	OUT	M50	
58	MPP		
59	OUT	T5	K20
62	LD	T5	
63	ANI	C1	
64	OUT	M70	
65	LD	M70	
66	MPS		
67	ANI	T7	
68	OUT	T6	K5
71	MPP		
72	AND	T6	
73	OUT	M40	
74	OUT	T7	K5
77	LD	T7	
78	OUT	C1	K3
81	LD	X003	
82	ANI	X001	
83	OUT	M21	
84	OUT	M31	
85	LD	X004	
86	ANI	X001	
87	OUT	M1	
88	OUT	M51	
89	LD	X002	
90	ANI	X001	
91	MPS		
92	ANI	T8	
93	OUT	M11	
94	MRD		
95	ANI	T9	
96	OUT	T8	K5
99	MPP		
100	AND	T8	
101	OUT	M31	
102	OUT	T9	K5
105	END		

图 4 - 20　十字路口交通灯指令表

五、综合练习

1. 设计一个控制系统来控制彩灯的循环点亮

彩灯接线图如图 4－21 所示。控制要求如下：

（1）打开开关 SB_1，彩灯开始按间隔 3 s 依次点亮，依次输出 Y000～Y005。

（2）当彩灯全部点亮时，维持 5 s，然后全部熄灭。

（3）全部熄灭 2 s 后，自动重复下一轮循环。

（4）重复循环满 5 次时，让彩灯全部熄灭时间延长至 8 s，再重复下一轮循环。

（5）关闭开关 SB_1，彩灯全部熄灭。

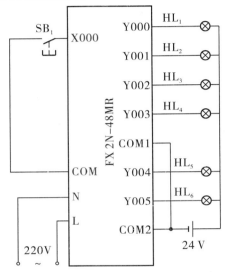

图 4－21　彩灯接线示意图

提示：这个项目任务可以把它分解成大小两个循环。两个循环具体如下：

小循环：打开开关 SB_1→彩灯开始依次循环点亮（间隔 3 s）→彩灯全部点亮（维持 5 s）→彩灯全部熄灭（维持 2 s）→重复小循环 5 次。

大循环：小循环满 5 次→彩灯全部熄灭（维持 8 s）→重复小循环只要关闭开关 SB_1，彩灯立即无条件全部熄灭。

请将所需设备填入表 4－6，并画出梯形图和指令表。

表 4－6　彩灯 I/O 表

输　入			输　出		
设备名称	代号	输入点编号	设备名称	代号	输出点编号

2. 计数器认识实验

（1）三菱内部计数器分为 16 位二进制加法计数器和 32 位增计数/减计数器两种。其中的 16 位二进制加法计数器，其设定值在 K1 ~ K32767 范围内有效。其实验参考程序如表 4 - 7 所示。

表 4 - 7　计数器认识实验程序

步　序	指　令	器件号	说　明	步　序	指　令	器件号	说　明
0	LD	X001	输入	6	LD	T0	
1	ANI	T0		7	OUT	C0	计数 20 次
2	OUT	T0	延时 10 s	8		K20	
3		K100		9	LD	C0	
4	LD	X000	输入	10	OUT	Y000	计数满，输出
5	RST	C0	计数器复位	11	END		程序结束

这是一个由计时器 T0 和计数器 C0 组成的组合电路。T0 形成一个设定值为 10 s 的自复位计时器，当 X000 接通，T0 线圈得电，经延时 10 s，T0 的常闭接点断开，T0 计时器断开复位，待下一次扫描时，T0 的常闭接点才闭合，T0 线圈又重新得电。即 T0 接点每接通一次，每次接通时间为一个扫描周期。计数器对这个脉冲信号进行计数，计数到 20 次，C0 常开接点闭合，使 Y000 线圈接通。从 X000 接通到 Y000 有输出，延时时间为计时器和计数器设定值的乘积：

$$T_{总} = T0 \times C0 = 10 \times 20 = 200 \ (\text{s})$$

3. 计数器的扩展实验

计数器的扩展实验参考程序如表 4 - 8 所示。

表 4 - 8　计数器的扩展实验程序

步　序	指　令	器件号	说　明
0	LD	X001	输入
1	ANI	T0	
2	OUT	T0	延时 1 s
3		K10	
4	LD	C0	
5	OR	X002	
6	RST	C0	计数器 C0 复位
7	LD	T0	
8	OUT	C0	计数 20 次
9		K20	
10	LD	X002	输入
11	RST	C1	计数器 C1 复位

续上表

步　序	指　令	器件号	说　明
12	LD	C0	
13	OUT	C1	计数 3 次
14		K3	
15	LD	C1	
16	OUT	Y000	计数满，输出
17	END		程序结束

总的计数值为：

$$C_{总} = C0 \times C1 = 20 \times 3 \times 1 = 60 \text{（s）}$$

根据指令表绘制梯形图并模拟仿真观察运行扫描的过程。

项目五　步进电动机驱动工作台自动往返运动的控制

一、教学目标

1. 基本知识
（1）步进电动机驱动指令。
（2）步进电动机及其驱动器的工作原理和接线方法。
2. 技能
（1）会用所学指令编写梯形图应用于电动机启动和运转控制。
（2）能操作编程软件。
（3）会 PLC 与步进电动机驱动器的外部接线和调试。

二、知识储备

电动机驱动工作台自动往返运动如图 5 - 1 所示。

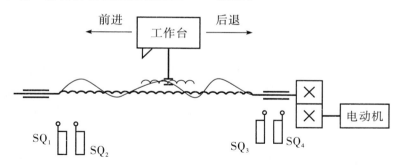

图 5 - 1　工作台自动往返示意图

（一）步进电动机工作原理

步进电动机实物如图 5 - 2 所示，步进电动机内部结构如图 5 - 3 所示。图 5 - 4 为四相步进电动机工作原理示意图。

图 5 - 2　步进电动机实物

图 5 - 3　步进电动机内部结构图

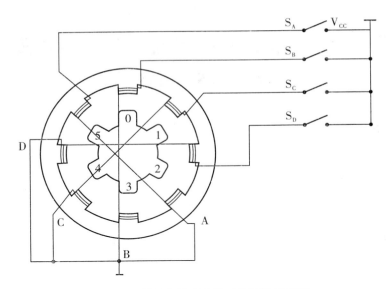

图 5 - 4　四相步进电动机工作原理示意图

该步进电动机为四相步进电动机，采用单极性直流电源供电，只要对步进电动机的各相绕组按合适的时序通电，就能使步进电动机转动。如图 5 - 4 所示，四相反应式步进电动机工作过程如下：

开始时，开关 S_B 接通电源，S_A、S_C、S_D 断开，B 相磁极和转子的 0、3 号齿对齐，同时，转子的 1、4 号齿就和 C、D 相绕组磁极产生错齿，2、5 号齿就和 D、A 相绕组磁极产生错齿。当开关 S_C 接通电源，S_B、S_A、S_D 断开时，由于 C 相绕组的磁力线和 1、4 号齿之间磁力线的作用，使转子转动，1、4 号齿和 C 相绕组的磁极对齐，而 0、3 号齿和 A、B 相绕组产生错齿，2、5 号齿就和 A、D 相绕组磁极产生错齿。依次类推，A、B、C、D 四相绕组轮流供电，则转子会沿着 A、B、C、D 方向转动。

（二）步进电动机的有关参数

1. 相数与步矩角

电动机相数指电动机内部的线圈组数，目前常用的有二相、三相、五相步进电动机。二相步进电动机表示使用 2 组线圈。三相步进电动机使用 3 组线圈。二相步进电动机、三相步进电动机一般一组为 4 个线圈。五相步进电动机一组为 2 个线圈。五相步进电动机结构如图 5 - 5 所示。

电动机相数不同，其步距角也不同，一般二相电动机的步距角为 0.9°/1.8°、三相电动机的为 0.75°/1.5°、五相电动机的为 0.36°/0.72°。

在没有细分驱动器时，用户主要靠选择不同相数的步进电动机来满足自己步距角的要求。如果使用细分驱动器，则"相数"将变得没有意义，用户只需在驱动器上改变细分数，就可以改变步距角。

固有步距角表示控制系统每发一个步进脉冲信号，电动机所转动的角度，电动机出厂时给出了一个步距角的值，如汉德保 3401HS30A1 型电动机给出步距角的值为 0.9°/1.8°（表示半步工作时为 0.9°、整步工作时为 1.8°），这个步距角可以称为"电动机固有步距角"，它不一定是电动机实际工作时的真正步距角，真正的步距角和驱动器有关。

综上所述，可以得到如下结论：

（1）步进电动机定子绕组的通电状态每改变一次，它的转子便转过一个确定的角度，即步进电动机的步距角 α。

（2）改变步进电动机定子绕组的通电顺序，转子的旋转方向随之改变。

（3）步进电动机定子绕组通电状态的改变速度越快，其转子旋转的速度越快，即通电状态的变化频率越高，转子的转速越高。

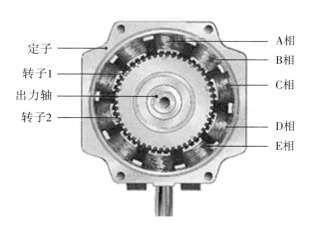

图 5 – 5　五相步进电动机结构图

（4）步进电动机步距角 α 与定子绕组的相数 m、转子的齿数 z、通电方式 k 有关，可用下式表示：

$$\alpha = 360° / (mzk)$$

式中，m 相 m 拍时，$k = 1$；m 相 $2m$ 拍时，$k = 2$。依此类推。

2. 保持转矩与时机功率

保持转矩（Holding Torque）指步进电动机通电但没有转动时，定子锁住转子的力矩。它是步进电动机最重要的参数之一，通常步进电动机在低速时的力矩接近保持转矩。由于步进电动机的输出力矩随速度的增大而不断衰减，输出功率也随速度的增大而变化，所以保持转矩就成了衡量步进电动机最重要的参数之一。

（1）静力矩的选择。步进电动机的动态力矩一下子很难确定，我们往往先确定电动机的静力矩。静力矩选择的依据是电动机工作的负载，而负载可分为惯性负载和摩擦负载两种，但单一的惯性负载和单一的摩擦负载是不存在的。直接启动（一般由低速启动）时，两种负载均要考虑；加速启动时主要考虑惯性负载；恒速运行时只要考虑摩擦负载。一般情况下，静力矩应在摩擦负载的 2～3 倍为好，静力矩一旦选定，电动机的机座及其长度便能确定下来。

（2）力矩与功率换算。步进电动机一般在较大范围内调速使用，其功率是变化的，一般只用力矩来衡量，力矩与功率换算如下：

$$P = \Omega \cdot M \qquad \Omega = 2\pi \cdot n/60 \quad P = 2\pi nM/60$$

其中：P 为功率，单位为瓦（W）；Ω 为角速度，单位为弧度每秒（rad/s）；n 为转速，单位为米每分钟（m/min）；M 为力矩，单位为牛顿·米（N·m）。

$$P = 2\pi f M/400 \quad （半步工作）$$

其中，f 为每秒脉冲数。

（三）步进电动机驱动模式

步进时机控制器接线如图5-6所示，其驱动器外形如图5-7所示。

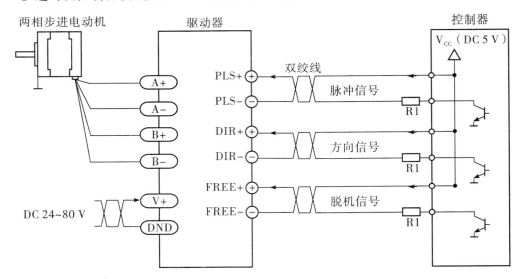

图5-6　步进电动机控制器接线示意图

步进电动机有三种基本的步进电动机驱动模式：整步、半步、细分。其主要区别在于电动机线圈电流的控制精度（即激磁方式）。

1. 整步驱动

整步运行中，同一种步进电动机既可配整/半步驱动器也可配细分驱动器，但运行效果不同。步进驱动器按脉冲/方向指令对二相步进电动机的两个线圈循环激磁（即将线圈充电设定电流），这种驱动方式的每个脉冲将使电动机移动一个基本步距角，即1.8°（标准二相电动机的一圈共有200个步距角）。

图5-7　步进电动机驱动器

2. 半步驱动

在单相激磁时，电动机转轴停至整步位置上，驱动器收到下一脉冲后，如给另一相激磁且保持原来相的激磁状态，则电动机转轴将移动半个步距角，停在相邻两个整步位置的中间。如此循环地对二相线圈进行单相然后双相激磁，步进电动机将以每个脉冲0.9°的半步方式转动。所有Leadshine（雷赛）公司的整/半步驱动器都可以执行整步和半步驱动，由驱动器拨码开关的拨位进行选择。和整步方式相比，半步方式具有精度高1倍和低速运行时振动较小的优点，所以实际使用整/半步驱动器时一般选用半步模式。

3. 细分驱动

细分驱动模式具有低速振动极小和定位精度高两大优点。对于有时需要低速运行（即电动机转轴有时工作速度在60 r/min以下）或定位精度要求小于0.9°的步进应用中，细分驱动器获得广泛应用。其基本原理是对电动机的两个线圈分别按正弦和余弦形的台阶进行精密电流控制,从而使得一个步距角的距离分成若干个细分步完成。例如16细分的驱动方式可使每圈200标准步的步进电动机达到每圈200步×16=3 200步的运行精度(即0.112 5°)。

现在的步进驱动器都有细分功能,细分就是通过驱动器中电路的方法把步距角减小。例如把步进驱动器设置成5细分,假设原来步距角为1.8°,那么设置成5细分后,步距角就是0.36°,即原来一步可以走完的,设置成细分后需要走5步。

设置细分时要注意的事项:

(1)一般情况细分数不能设置过大,因为在控制脉冲频率不变的情况下,细分越大,电动机的转速越慢,而且电动机的输出力矩越小。

(2)驱动步进电动机的脉冲频率不能太高,一般不超过2 kHz,否则电动机输出的力矩迅速减小。

(四)三菱PLC脉冲控制指令

1. 脉冲输入指令SPD

图5-8所示为SPD指令梯形图和指令表。

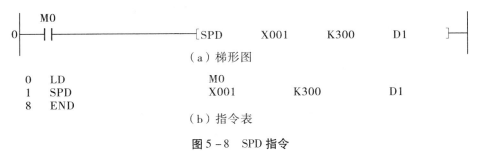

图5-8 SPD指令

指令格式:

SPD S1 S2 D0 X000~X005

SPD指令分别使用了功能使能标志M8100~M8105作为增强功能的生效标志,每个标志可单独设置,SPD指令占7行。

S1——脉冲信号输入端口,只能为X0~X5。

S2——设定的脉冲检测时间长度(ms)1~32 767。

D+0——在S2时间内的脉冲个数,为16位的数据。

D+l——本次时间段对脉冲的计数。

D+2——用于测定剩余时间(ms)。

2. 脉冲输出指令PLSY和DPLSY

PLSY为16位连续执行型脉冲输出指令。DPLSY为32位连续执行型脉冲输出指令。PLSY指令梯形图和指令表如图5-9所示。

FXPLC的PLSY指令的编程格式:

PLSY K1000 D0 Y0

K1000——指定的输出脉冲频率,可以是T、C、D,数值或是位元件组合如K4 X0。

D0——指定的输出脉冲数,可以是T、C、D,数值或是位元件组合如K4 X0,当该

66

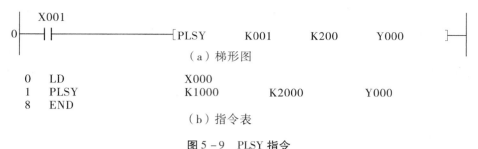

图 5 – 9　PLSY 指令

值为 0 时，输出脉冲数不受限制。

　　Y0——指定的脉冲输出端子，只能是 Y0 或 Y1。

LD M0 PLSY D0 D10 Y1

　　当 M0 闭合时，以 D0 指定的脉冲频率从 Y1 输出 D10 指定的脉冲数；在输出过程中 M0 断开，立即停止脉冲输出，当 M0 再次闭合后，从初始状态开始重新输出 D10 指定的脉冲数；PLSY 指令没有加减速控制，当 M0 闭合后立即以 D0 指定的脉冲频率输出脉冲（所以该指令高速输出脉冲控制步进或是伺服并不理想）；在输出过程中改变 D0 的值，其输出脉冲频率立刻改变（调速很方便）；在输出过程中改变输出脉冲数，D10 断开再一次闭合后才按新的脉冲数输出。

　　相关标志位与寄存器：

　　M8029：脉冲发完后，M8029 闭合；当 M0 断开后，M8029 自动断开。

　　M8147：Y0 输出脉冲时闭合，发完后脉冲自动断开。

　　M8148：Y1 输出脉冲时闭合，发完后脉冲自动断开。

　　D8140：记录 Y0 输出的脉冲总数，32 位寄存器。

　　D8142：记录 Y1 输出的脉冲总数，32 位寄存器。

　　D8136：记录 Y0 和 Y1 输出的脉冲总数，32 位寄存器。

　　注意： PLSY 指令断开，再次驱动 PLSY 指令时，必须在 M8147 或 M8148 断开一个扫描期以上，否则会发生运算错误！

　　3. 加减速脉冲输出指令 PLSR 和 DPLSR

　　PLSR 指令梯形图和指令表如图 5 – 10 所示。

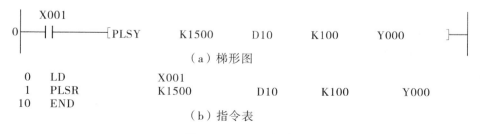

图 5 – 10　PLSR 指令

　　PLSR 是带加减速功能的定脉冲数脉冲输出指令，其工作过程是：针对指定的最高频率，进行定加速，在达到所指定的输出脉冲数后，进行定减速。

　　PLSR 为 16 位连续执行型带加减脉冲输出指令。

DPLSR 为 32 位连续执行型带加减脉冲输出指令。

其编程格式为：

PLSR K1500 D10 K100 Y000

K1500——指定的最高输出频率，其值只能是 10 的倍数，范围为 10 ~ 20 kHz，可以是 T、C、D，数值或是位元件组合。

D10——指定的输出脉冲数，范围为 110 ~ 2 124 483 647，脉冲数小于 110 时，脉冲不能正常输出，可以是 T、C、D，数值或是位元件组合。

K100——指定的加减速时间，设定范围：5 000 ms 以下，可以是 T、C、D，数值或是位元件组合。

Y0——指定的脉冲输出端子，只能是 Y0、Y1。

注意：加减速时间的设定规范：

① 每次变速量不能大于最高频率的 1/10，就是说，PLSR 指令采用十次变量加减速。如最高频率设为 10 000 Hz，加减速时间为 10 ms，1 ms 加减速量是 1 000 Hz。用这样大的加速量控制步进电动机时，也许会使电动机失调，所以在设定加减速时间时就需要考虑电动机的加速特性。

② 加减速时间必须稍大于 PLC 程序扫描时间最大值（D8012）的 10 倍以上，如果达不到，则加减速时间时序会不准确。

③ 加减速时间必须大于或等于（450 000/指定的最高输出频率），如果小于这个值，加减速时间误差增大。

④ 加减速时间必须小于或等于（指定的总脉冲数 X818/指定的最高频率）。

PLSR 指令的特性是输出不受扫描周期影响。当驱动点断开时，输出立刻不减速中断。如果在最高频率时中断驱动，会令外部执行元件紧急停止，容易对机械造成损伤；当运行频率、输出总脉冲数、加减速时间这三个操作数改变后，指令不立刻按新的数据执行，要等到一次驱动指令由断开到闭合时生效。

相关标志位与寄存器：

M8029：脉冲发完后 M8029 闭合，驱动断开，M8029 自动断开。

D8040：记录 Y0 的输出脉冲数，32 位寄存器。

D8042：记录 Y1 的输出脉冲数，32 位寄存器。

D8136：记录 Y0 和 Y1 的输出脉冲总数，32 位寄存器。

4. 绝对位置控制指令 DRVA

绝对位置控制指令 DRVA 是很实用的一个脉冲指令，应用时关键是理解 D8140 或是 D8142 寄存器的用法。

绝对位置控制指令 DRVA 的编程格式：

DRVA D0 D2 Y0 Y2

D0——目标位置，可以是数值或是寄存器，也就是 PLC 要输出的脉冲数。

D2——输出脉冲频率，可以是数值或是寄存器，也就是 PLC 输出的脉冲频率。

Y0——脉冲输出地址，只能是 Y0 或 Y1。

Y2——方向控制输出，正向是 ON 或是 OFF，反向是 OFF 或是 ON（根据所控制执行元件设置来确定）。

相关寄存器和位元件：

D8140：脉冲由 Y0 输出时，记录当前的位置，32 位寄存器。

D8142：脉冲由 Y1 输出时，记录当前的位置，32 位寄存器。

D8141、D8140：用来保存 Y0 发出的脉冲总数。D8143 与 D8142 组成 32 位数据存储器存储 Y1 发出的脉冲总数，因为脉冲总数的值保存是要用到 32 位，所以要用到 D8141 和 D8140，D8140 存放低 16 位数值。如果要将其清零，可以直接用 MOV 指令，例如 [MOV K0 D8140]。

D8146：32 位寄存器，设定最高脉冲频率，因为此指令的加减速时间是计算由基底频率升到最高频率的时间，所以改变 D8146 的值可以更准确设定执行元件的加减速时间。

D8145：基底频率。FX 的脉冲输出频率并不能从 0 开始，而由一个计算公式做参考。当 D2 的值设定小于计算的基底频率时，最小输出频率也是按照基底频率输出。

D8148：加减速时间设定。

M8147：Y000 正在输出脉冲时，M8147 闭合。

M8148：Y001 正在输出脉冲时，M8148 闭合。当 DRVA 指令发送完寄存器 D0 规定的脉冲数后，M8147 断开，M1 闭合。用法实例如图 5 - 11 所示。

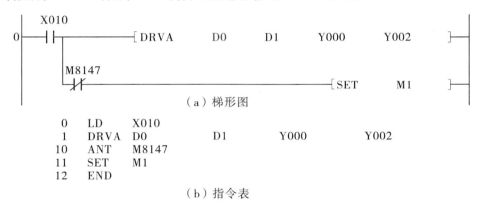

图 5 - 11 DRVA 指令梯形图

（五） 逻辑电路设计方法

1. 经验设计法

经验设计法也叫试凑法，是指设计者在掌握了大量的典型电路的基础上，充分理解实际系统的具体要求，将实际控制问题分解成若干典型控制电路，再在典型控制电路的基础上不断调试、修改和完善，最后才能得到一个较为满意的梯形图。

2. 逻辑设计法

逻辑设计法就是应用逻辑代数以逻辑组合的方法和形式设计程序。逻辑设计法的一般做法是根据生产过程各工步之间各个检测组件状态的不同组合和变化，确定所需的中间环节，再按照各执行组件所应满足的动作节拍列出真值表，分别写出相应的逻辑表达式。最后，用触点的串并联组合，通过具体的物理电路实现所需的逻辑表达式。

三、项目实施

1. 项目分析

启动按钮 SB_1，按下后，系统向左移动，触碰到 SQ_3 之后系统反向即右向移动，同理触碰至 SQ_2 时系统再次反向移动。SQ_1 和 SQ_4 为保护限位开关，触发时系统紧急停止。另设计停止按钮 SB_2，按下后系统停止。

2. I/O 分配表

电动机驱动工作台自动往返运动控制设备输入与输出（I/O）分配表见表 5-1。

表 5-1　I/O 分配表

输　入			输　出		
设备名称	代号	输入点编号	设备名称	代号	输入点编号
启动按钮	SB_1	X1	电动机		Y0
停止按钮	SB_2	X2	电动机转向		Y2
左转向开关	SQ_2	X3			
右转向开关	SQ_3	X4			
左限位开关	SQ_1	X5			
右限位开关	SQ_4	X6			

3. 程序编制过程

（1）启动电动机正转指令，采用 M0 表示电动机转动状态，采用启保停电路模式。其梯形图如图 5-12 所示。

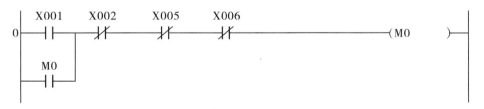

图 5-12　运行启保停梯形图

② 在运行模式 M0 状态下驱动步进电动机 Y0，使用常闭开关 C0 作为程序刷新指令，其梯形图如图 5-13 所示。在后续程序中可以看出 C0 只接通一个扫描周期。

图 5-13　运行电动机驱动梯形图

（3）当电动机运行至 X3 转向开关处时，驱动方向 Y2，使电动机转向。此处采用启保停电路，X3 处驱动方向 Y2，在 X4 处停止驱动 Y2，依次循环。其梯形图如图 5-14 所示。

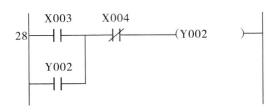

图 5 - 14　电动机转向控制梯形图

（4）采用换向计数方式，刷新脉冲输出指令，其梯形图如图 5 - 15 所示。此处的技巧在于使用上升沿开关，保证机床在运行至换向处计数为 1 次。两处换向位置都能驱动计数器计数 1 次。

图 5 - 15　换向控制梯形图

（5）根据扫描周期确定的逻辑顺序，由转向时计数→计数器得电刷新脉冲输出指令→计数器自我重置。其逻辑顺序及梯形图如图 5 - 16 所示。

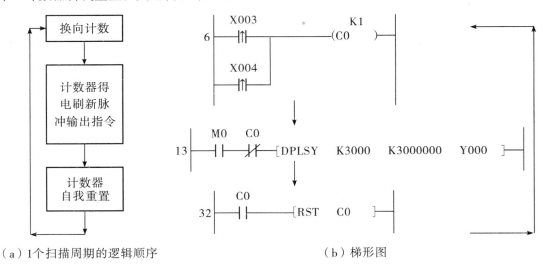

（a）1 个扫描周期的逻辑顺序　　　　　　　　　　　（b）梯形图

图 5 - 16　根据扫描周期确定的逻辑顺序及梯形图

（6）总体梯形图和指令表如图 5 - 17、图 5 - 18 所示。

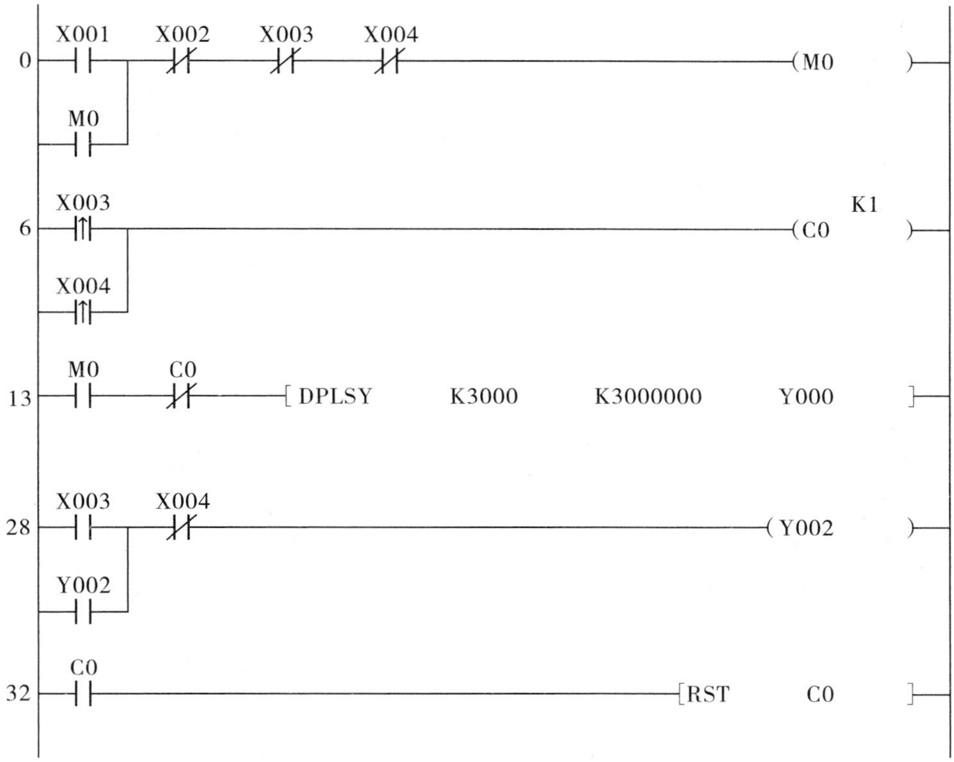

```
      X001    X002    X003    X004
0     ┤├──┬──┤/├────┤/├────┤/├──────────────────────────(M0    )
      M0   │
      ┤├───┘

      X003                                                K1
6     ┤↑├──┬───────────────────────────────────────────(C0    )
      X004 │
      ┤↑├──┘

      M0     C0
13    ┤├────┤/├──────[DPLSY      K3000       K3000000       Y000 ]

      X003   X004
28    ┤├──┬──┤/├──────────────────────────────────────(Y002  )
      Y002 │
      ┤├───┘

      C0
32    ┤├──────────────────────────────────────────[RST        C0 ]
```

图 5 – 17　总体梯形图

0	LD	X001		
1	OR	M0		
2	ANI	X002		
3	ANI	X005		
4	ANI	X006		
5	OUT	M0		
6	LDP	X003		
8	ORP	X004		
10	OUT	C0		K1
13	LD	M0		
14	ANI	C0		
15	DPLSY	K3000	K3000000	Y000
28	LD	X003		
29	OR	Y002		
30	ANI	Y004		
31	OUT	Y002		
32	LD	C0		
33	RST	C0		
35	END			

图 5 – 18　总体指令表

四、综合练习

72

液压滑台往返运动系统是液压系统中常见的典型控制系统，如图 5-19 所示。根据学过的 PLC 知识对该系统进行改装，进行系统结构精简并根据改装后的液压系统添加 PLC 控制器，编写专用程序进行控制（填写表 5-2），保证运动状态不变。

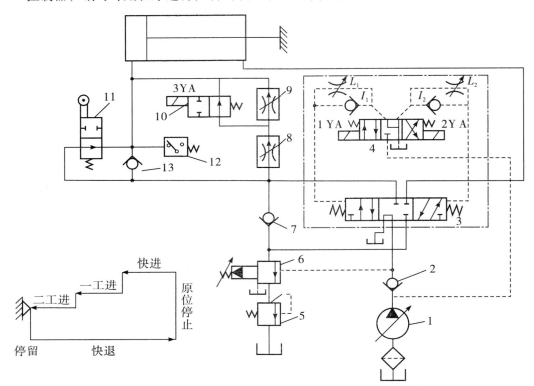

图 5-19 液压滑台往返运动系统

表 5-2 指令对应表

输入地址		输出地址	
图形中编号	PLC 指令（X）	图形中编号	PLC 指令（Y）

项目六　运输带运料装车系统

一、教学目标

1. 基本知识

（1）掌握辅助继电器 M 的顺序控制设计法的设计原则。

（2）掌握顺序功能图的组成。

（3）掌握单序列顺序功能图的结构。

2. 技能

（1）根据机械功能要求制定出顺序功能图。

（2）将顺序功能图改画为梯形图。

二、项目要求

1. 使用 PLC 构成一个运输带自动送料装车系统

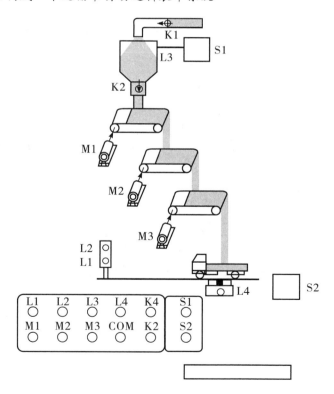

图 6 - 1　运输带自动送料装车系统

2. 实验原理与实验步骤

（1）运输带自动送料装车系统演示板如图 6 - 1 所示。

（2）本实验利用 9 个 LED 灯演示系统工作状态。M1、M2、M3 表示电动机，其余为开关指示。

（3）控制要求：

① 红灯 L1 灭、绿灯 L2 亮，表示允许汽车开进装料场，料斗 K2 关闭，电动机 M1、M2、M3 都为 OFF。

② 当汽车来到时，S2 为 ON，L1 灯亮、L2 灯灭，K1 打开放料至 S1 料位检测开关时关闭，电动机 M3 运行。

③ 电动机 M2 在 M3 通 2 s 后运行。M1 在 M2 通 2 s 后运行。K2 在 M1 通后打开出料阀。

④ 当料满后，S2 为 OFF，料斗阀 K2 关闭，电动机 M1 延时 2 s 关闭，M2 在 M1 通 2 s后关闭，M3 在 M2 通 2 s 后停止。

⑤ L2 亮、L1 灯灭，表示汽车可以开走。

三、知识储备

（一）顺序控制设计法

PLC 控制系统的设计方法常用的有经验设计法、逻辑思维设计法、顺序控制设计法，其中顺序控制设计法由于其先进性、优越性、操作方便性等方面的优点，在可编程控制器系统设计时得到了广泛的应用。

把某个生产过程或生产工艺，根据它内部的状态和执行动作时间上的先后顺序划分为若干个阶段，在各个阶段输入信号的作用下，每个阶段按照生产工艺预先规定的动作使其执行机构自动有序地工作，这个过程称为顺序控制。采用顺序控制的 PLC 设计方法叫作顺序控制设计法。顺序控制设计法一般用顺序功能图表示。

顺序功能图是用来描述控制系统的控制过程功能的图表，主要的组成部分有步、转换、转换条件、转换方向和每一步的动作。顺序功能图可以作为一种通用的技术语言，为进一步的设计和不同专业人员之间的技术交流提供平台。

1. 顺序控制设计法基本步骤

（1）步。根据工作过程和控制系统的要求，把控制系统的生产过程划分成若干步。步的划分根据是可编程控制器的输出量是否发生变化，如果系统的输出量状态变化，控制系统就从前级步进入新的步。一般要保证同一步内各输出量的状态不变，相邻两步输出量总的状态不变。

（2）转换条件。系统的输出量状态发生变化时，系统要从当前步进入下一步，转换条件就是跳步能够实现的条件，转换条件通常为按钮、行程开关、定时器、计数器的触点等。

（3）顺序功能图。顺序功能图中有步、有向连线、转换、转换条件和动作五个必不可少的组成要素。步与步之间实现转换，应同时具备前级步是活动步、对应的转换条件成立这两个条件。顺序功能图的结构形式有：

① 单序列。此结构形式的顺序功能图没有分支，由一系列相继激活的步组成整个顺序功能图，仅接一个转换器在每一步的后面，而每个转换器的后面只需要一步，如图

6 – 2所示。

例：用"启—保—停"电路实现的单序列的编程方法："启—保—停"电路仅仅使用与触点和线圈有关的指令，任何一种 PLC 的指令系统都有这一类指令，因此，这是一种通用的编程方法，可用于任意型号的PLC。利用"启—保—停"电路由顺序功能图画出梯形图和指令表，设计时要从步的处理和输出电路两方面来考虑，如图6 – 3所示。

② 选择序列：此结构形式的顺序功能图由水平连线引出分支，分支引出处为另一序列的开始。特别注意转换条件只能标在水平连线之下，有多少分支就应有多少条件，一般只能同时选择一个条件对应的分支序列，分支结束处为序列合并。如图6 – 4所示为选择序列结构图。

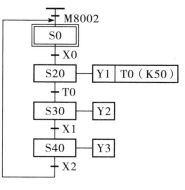

图6 – 2　单序列功能图

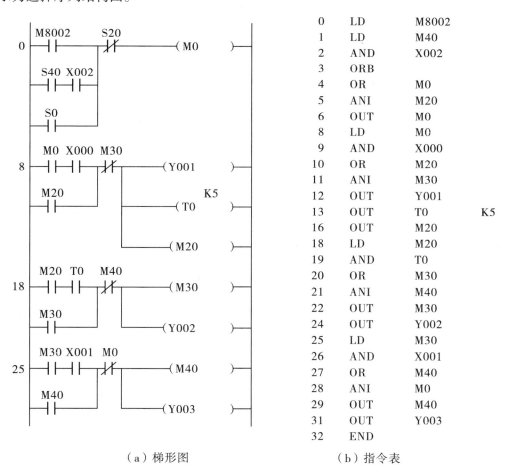

（a）梯形图　　　　　　　　　　（b）指令表

图6 – 3　启保停电路单序列梯形图指令

例：在图6 – 6分支序列梯形图中第6句和第10句中可以看出，对于M2状态分支成

M3、M4，在启保停电路中 M2 中分别以两种不同的条件 X2、X3 启动两种不同的状态 M3、M4。此处未出现 M3、M4 的停止条件，因为图 6-5（a）中指令未出现其后续状态。如图 6-5（b）合并顺序流程图，当 M1、M2 两个状态在不同的条件下都进入 M3 状态，所以 M3 可以作为 M1、M2 两个状态的结束条件，如图 6-7 所示。

2．常用的编程方法

（1）套用启保停电路编程法。这种编程方法编制梯形图时只使用跟触点和线圈有关的指令，不需要编程元件做中间环节。各类、各系列 PLC 都有相关的指令套用，并且电路有自保持功能。其电路的结构和继电控制电路类似，理解较容易，方法较简单，一般用在继电控制系统的改造中。

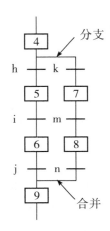

图 6-4　选择序列结构示意图

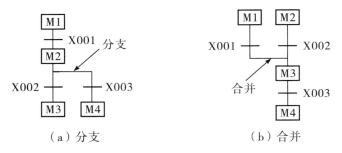

（a）分支　　　　　　　（b）合并

图 6-5　分支与合并顺序流程图

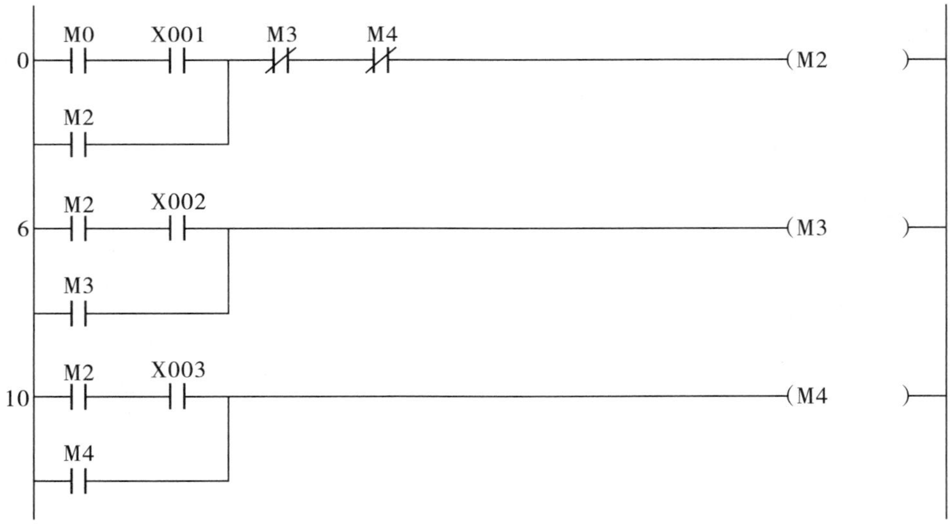

图 6-6　分支序列梯形图举例

（2）采用步进指令的编程方法。PLC 专门为顺序控制设计法设计了一条步进指令。

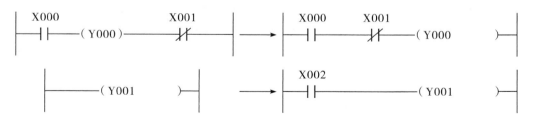

图 6 - 7　合并序列梯形图编程

采用这种方法设计时，顺序功能图中的步只能用状态继电器表示，因此有断电保持功能。这种方法编程不需要太多的电气控制基本知识，初学者很容易接受；而有经验的电气工程师采用此种方法也会大大提高设计效率。因此，选择编程方法时应优先选择步进指令。

（3）以转换为中心的编程方法是以一个转换作为编程的基础，用置位指令和复位指令来激活和关闭某一步。

（二）PLC 梯形图程序设计基本规则

1. 触点可串可并无限制

触点可以用于串联电路，也可用于并联电路，且使用次数不受限制，所有输出继电器也都可以作为辅助继电器使用。

2. 线圈右边无触点

如图 6 - 8 所示，梯形图中逻辑行都要始于左母线，终于右母线。每行的左边是触点的组合，表示驱动逻辑线圈的条件，而表示结果的逻辑线圈、功能只能接在右边的母线上。

图 6 - 8　线圈触点位置关系

3. 触点水平，不垂直

触点绘制在水平线上，不能绘制在垂直线上，如图 6 - 9 的 X004 触点是不能识别的。

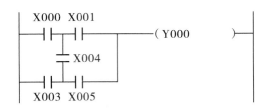

图 6-9　触点水平不垂直

4. 触点多上并左

（a）不合理　　　　　　　　　　　　　　　（b）合理

图 6-10　触点多上并左

5. 线圈不能重复使用

程序顺序不同，其结果也不同，主要原因在于扫描过程自上而下，某一个结果会影响后面的逻辑结果。

（三）　PLC 编程过程中 GX 软件使用的注意事项

（1）PLC 触点之间应紧密相连，否则转换后也会自动紧密相连。

（2）垂直线段应与触点紧密相连，否则程序可能无响应或者报错。

（3）PLC 输入元件标号，注意不要将数字 0 误为字母 O。

（4）PLC 输入定时器、计数器线圈，切记输入参数，而且标号和参数之间须留有空格。

（5）指令和操作数之间需留有空格。

（6）梯形图中的交叉线即为连接线，这点与电路图不同。

四、传感检测技术的应用

传感器是现代工业生产过程特别是自动化生产过程的首要部件，是现代检测仪器仪表和测控系统中非常重要的一种仪表。随着自动化、现代化的发展，工业生产对检测技术提出高新要求，对传感器的依赖性越来越大。传感检测技术是实现自动化的关键技术之一，通过传感检测技术能有效实现各种自动化生产设备大量运行信息的自动检测，并按照一定的规律转换成与之相对应的有用电信号进行输出。按从传感器输出电信号的类型不同，可将其划分为开关量传感器、数字量传感器和模拟量传感器。

（一）开关量传感器

开关量传感器又称接近开关，是一种采用非接触式检测和输出开关量的传感器。开关量传感器发出的信号是接点信号，有断开和闭合两种状态。如液位开关就是一种常见的开关量传感器。当液位低于设定值时，液位开关断开（或闭合）；当液位高于设定值时，液位开关闭合（或断开）。在自动化设备中应用较为广泛的主要有磁感应式接近开关、电容式接近开关、电感式接近开关和光电式接近开关等。

1. 磁感应式接近开关

磁感应式接近开关也称磁性开关，其工作方式是当有磁性物质接近磁性开关传感器时，传感器感应动作，并输出开关信号。在自动化设备中，磁性开关主要与内部活塞（或活塞杆）上安装有磁环的各种气缸配合使用，用于检测气缸等执行元件的两个极限位置。为了配合磁性开关来检测活塞位置，活塞上有一个磁环，气缸体上装了两个或几个磁性开关，当活塞运动到磁性开关的位置，磁力使开关接合，产生一个电信号给控制系统。为了方便使用，每一磁性开关上都具有动作指示灯。如图6-11所示为磁性开关实物。

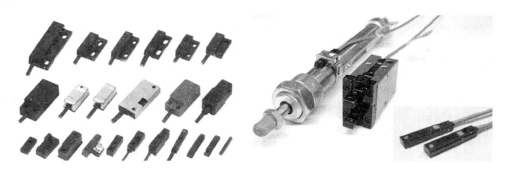

图6-11 磁性开关实物图

2. 电容式接近开关

电容式接近开关也是非接触传感器，可以检测固体、粉末或液体状态的导电或不导电材料。可用于塑料或玻璃等非金属材料的灌装液位监控以及计数物件的各种材料监控。

电容式接近开关一般应用在一些尘埃多、易接触到有机溶剂及需要较高性价比的场合中。由于检测内容的多样性，使其得到更广泛的应用。它不仅能检测金属零件，而且能检测纸张、橡胶、塑料、木材等非金属物体，还可以检测绝缘的液体，如图6-12所示。

3. 电感式接近开关

电感式接近开关是利用涡流效应制成的开关量输出位置传感器。它由 LC（电感—电容）高频振荡器和放大处理电路组成，利用金属物体在接近时其内部产生电涡流的特性，使得接近开关振荡能力衰减，内部电路的参数发生变化，进而控制开关的通断。由于电感式接近开关基于涡流效应工作，因此它检测的对象必须是金属。但由于电感式接近开

（a）电容式接近开关实物图　　（b）奶盒中牛奶的识别应用　　（c）容器中物料位置的控制应用

图 6 - 12　电容式接近开关及应用

关对金属与非金属的筛选性能好，工作稳定可靠，抗干扰能力强，在现代工业检测中也得到广泛应用。如图 6 - 13 所示为电感式接近开关实物。

图 6 - 13　电感式接近开关实物图

4. 光电式接近开关

光电式接近开关又称光电传感器，是一种小型电子设备，它可以检测出其接收到的发光强度的变化，通过把发光强度的变化转换成电信号的变化来实现控制。它首先把被测量的变化转换成光信号的变化，然后借助光电元件进一步将光信号转换成电信号。在一般情况下，光电传感器由三部分构成：发送器、接收器和检测电路，如图 6 - 14 所示。

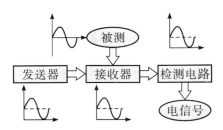

图 6 - 14　光电传感器示意图

发送器对准目标发射光束，发射的光束一般来源于半导体光源，如发光二极管（LED）、激光二极管及红外发射二极管。接收器包括光电二极管、光电三极管、光电池等，在接收器的前面，装有光学元件如透镜和光圈等；在其后面是检测电路，它能滤出有效信号并应用该信号。

光电开关通常可分为对射型和反射型两类，如图 6 - 15 所示。

① 对射型光电开头。由一个发光器和一个收光器组成的光电开关就称为对射分离式光电开关，简称对射式光电开关。它的检测距离可达几米乃至几十米。使用时把发光器

和收光器分别装在检测物通过路径的两侧，检测物通过时阻挡光路，收光器产生响应并输出一个开关控制信号。

②反射型光电开关。反射型光电开关把发光器和收光器装入同一个装置内，利用反射原理完成光电控制作用。一种情况下，发光器发出的光被反光板反射回来被收光器收到，一旦光路被检测物挡住，收光器收不到光时，光电开关就动作，输出一个开关控制信号；另一种情况下，发光器发出的光并不被专门的反光板反射，但当光路上有检测物通过时，光在检测物表面反射回来并被接收器接收，从而产生一个开关信号。

光电检测方法具有精度高、反应快、非接触等优点，这种传感器的结构简单，形式灵活多样，体积小。近年来，随着光电技术的发展，光电开关已成为系列产品，其品种及产量日益增加，在工业自动化设备上获得广泛的应用。

（a）对射型光电开关　　（b）反射型光电开关　　（c）光电式烟雾传感器

图6-15　光电传开关物图与应用

光电开关安装时，不能安装在水、油、灰尘多的地方，应回避强光及室外太阳光等直射的地方，注意消除背景物的影响。光电开关主要用于自动包装机、自动封装机、自动灌装机、自动或半自动装配流水线等自动化机械装置上。

（二）数字量传感器

数字量传感器一种能把被测模拟量直接转换为数字量输出的装置，可直接与计算机系统连接。数字量传感器是具有测量精度高、分辨率高、抗干扰能力强、稳定性好、易于与计算机接口、便于信号处理、可实现自动化测量以及适宜于远距离传输等优点，在一些精度要求较高的场合应用极为普遍。下面介绍一些常用的数字量传感器。

1. 增量式旋转编码器

常用的增量式旋转编码器为增量式光电编码器，如图6-16所示。

光电编码器由带聚光镜的发光二极管（LED）、光栏板、光电码盘、光敏元件及信号处理电路组成。其中，光电码盘是在一块玻璃圆盘上镀上一层不透光的金属薄膜，然后在上面制成圆周等距的透光与不透光相间的条纹，光栏板上具有和光电码盘上相同的透光条纹。光电码盘也可由不锈钢薄片制成。当光电码盘旋转时，光线通过光栏板和光电码盘产生明暗相间的变化，由光敏元件接收，光敏元件将光信号转换成电脉冲信号。光电编码器的测量精度取决于它所能分辨的最小角度，而这与码盘圆周的条纹数有关，即分辨角为：

$$\alpha = \frac{260°}{条纹数}$$

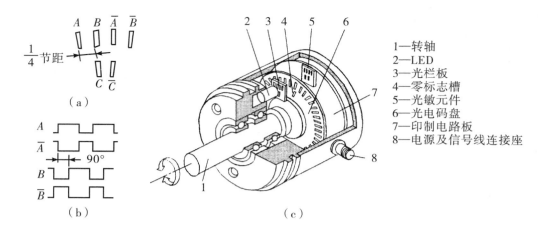

图 6 - 16　增量式光电编码器结构示意图

若条纹数为 1 024，则分辨角 $\alpha = \dfrac{360°}{1\ 024} = 0.352°$。

实际应用的光电编码器的光栏板上有两组条纹 A、$\overline{A}$ 和 B、$\overline{B}$，两组条纹彼此错开 $\dfrac{1}{4}$ 节距，其相对应的光敏元件所产生的信号彼此相差 90°相位，用于辨向。当光电码盘正转时，A 信号超前 B 信号 90°，当光电码盘反转时，B 信号超前 A 信号 90°，数控系统正是利用这一相位关系来判断方向的。

光电编码器的输出信号 A、$\overline{A}$ 和 B、$\overline{B}$ 为差动信号。差动信号大大提高了传输的抗干扰能力。在数控系统中，常对上述信号进行倍频处理，以进一步提高分辨力。例如，配置 2 000 脉冲/r 光电编码器的伺服电动机直接驱动 8 mm 螺距的滚珠丝杠，经 4 倍频处理后，相当于 8 000 脉冲/r 的角度分辨力，对应工作台的直线分辨力由倍频前的 0.004 mm 提高到 0.001 mm。

此外，在光电码盘的里圈里还有一条透光条纹 C，用以每转产生一个脉冲，该脉冲信号又称一转信号或零标志脉冲，作为测量基准。同样，该脉冲也以差动形式 C、$\overline{C}$ 输出。

2. 绝对式旋转编码器

（1）接触式码盘。图 6 - 17 所示为接触式码盘示意图。图 6 - 17（b）所示为 4 位 BCD 码盘，它在一个不导电基体上做成许多金属区使其导电，其中涂黑部分为导电区，用"1"表示，其他部分为绝缘区，用"0"表示。这样，在每一个径向码道上，都有由"1""0"组成的二进制代码，最里一圈是公用的，它和各码道所有导电部分连在一起，经电刷和电阻接电源正极。除公用圈以外，4 位 BCD 码盘的 4 圈码道上也都装有电刷，电刷经电阻接地，电刷布置如图 6 - 17（a）所示。

由于码盘是与被测转轴连在一起的，而电刷位置是固定的，因此当码盘随被测转轴一起转动时，电刷和码盘的位置发生相对变化。若电刷接触的是导电区域，则经电刷、码盘、电阻和电源形成回路，该回路中的电阻上有电流流过，为"1"；反之，若电刷接触的是绝缘区域，则不能形成回路，电阻上无电流流过，为"0"。由此可根据电刷的位

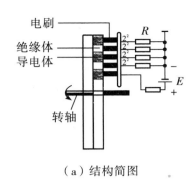

（a）结构简图

（b）4位BCD码盘

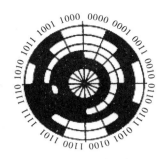

（C）4位格雷码盘

图6-17　接触式码盘示意图

置得到由"1""0"组成的 4 位 BCD 码。通过图 6-17（b）可看出电刷位置与输出代码的对应关系。码道的圈数就是二进制的位数，且高位在内，低位在外。由此可以推断出，若是 n 位二进制码盘，就有 n 圈码道，且圆周均为 2^n 等分，即共有 2^n 个数据来分别表示其不同位置。

$$分辨的角度\ \alpha = \frac{360°}{2^n}$$

$$分辨力 = \frac{1}{2^n}$$

显然，位数 n 越大，所能分辨的角度越小，测量精度就越高。

图 6-17（c）为 4 位格雷码盘，其特点是任何两个相邻数码间只有一位是变化的，可消除非单值性误差。

（2）绝对式光电码盘。绝对式光电码盘与接触式码盘结构相似，只是其中的黑白区域不表示导电区和绝缘区，而是表示透光区或不透光区。其中，黑的区域指不透光区，用"0"表示；白的区域指透光区，用"1"表示。如此，在任意角度都有"1""0"组成的二进制代码。另外，在每一码道上都有一组光电元件，这样，不论码盘转到哪一角度位置，与之对应的各光电元件接收到光的输出为"1"电平，没有接收到光的输出为"0"电平，由此组成 n 位二进制编码。图 6-18 为 8 码道光电码盘示意图（图中只画出其1/4）。

图6-18　8 码道光电码盘（1/4 圆）

3. 光栅传感器

光栅传感器是一种高精度的直线位移传感器，是根据标尺光栅与指示光栅之间形成的莫尔条纹制成的一种脉冲输出数字式传感器。它广泛应用在数控机床上测量工作台的位移，常用于构成位置闭环伺服系统，测量精度可达几微米，如图 6-19 所示为其实物图。

常用的光栅有透射光栅和反射光栅两类。透射光栅是在透明的光学玻璃上刻制平行且等距的密集线纹，利用光的透射现象形成光栅；反射光栅一般在不透明的金属材料（不锈钢板或铝板）上刻制平行且等距的密集线纹，利用光的全反射或漫反射形成光栅。

84

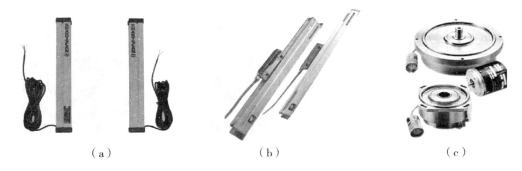

（a）　　　　　　　　　（b）　　　　　　　　　（c）

图 6 - 19　光栅传感器实物图

下面以透射光栅为例介绍其工作特点与原理。

　　光栅传感器由照明系统、光栅副和光电接收元件组成，如图 6 - 20 所示。光栅副是光栅传感器的主要部分，它主要由主光栅和指示光栅组成，当两者之间发生相对位移时，由它们所形成的莫尔条纹产生明暗交替的变化。利用光电元件接收这个变化，将其转换成电脉冲信号，并用数字显示，即可测得光栅副间的相对位移。

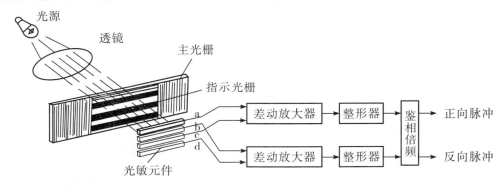

图 6 - 20　光栅传感器组成示意图

　　透射光栅上许多均匀条纹形成了规则排列的明暗线条，刻线宽度为 a，刻线间隙的宽度为 b，$W = a + b$ 称为光栅的栅距（或光栅常数）。一般取 $a = b$ 或 $a : b = 1.1 : 0.9$，而 W 一般用刻线密度表示，常用的刻线密度有每毫米 25、50、100、500、1 000、2 500 线等。指示光栅的光栅常数一般与主光栅相同。

　　将光栅副的主光栅和指示光栅相对叠合在一起，并使两者的刻线保持一个很小的夹角 θ，在接近于与栅线垂直的方向上就会出现明暗相间的条纹，即莫尔条纹，如图 6 - 21 所示。莫尔条纹的宽度 B_{H} 与栅距 W 和夹角 θ 有关，即：

$$B_{\mathrm{H}} = \frac{W}{2\sin\dfrac{\theta}{2}} \approx \frac{W}{\theta}$$

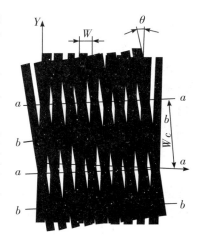

图 6 - 21　光栅及其莫尔条纹

光栅的莫尔条纹具有如下特点：

① 起放大作用。

② 莫尔条纹的光强度变化接近正弦变化，可以采用倍频技术将信号进一步细分，从而提高测量精度。

③ 具有平均效应。在实际应用中，多数被测位移都不是单向的，而利用单个光电元件接收一固定点的莫尔条纹信号，只能判别明暗的变化而不能判别移动方向，所以不能正确测量位移。

如果能够在物体正向移动时得到正向的脉冲并将其累加，而将反向运动时得到的反向脉冲相减，则可以得到正确的结果。能完成这种辨向任务并能识别正、反方向脉冲的电路就是辨向电路，如图 6-22 所示。为了判别光栅的移动方向，在相距 $B_H/4$ 的位置上放置两个光电元件 1、2，以得到两个相差 $90°$ 的正弦信号，然后将其送到辨向电路中。辨向电路输出的信号送入可逆计数器进行累加，读取计算机计得的数值即可算出位移值。

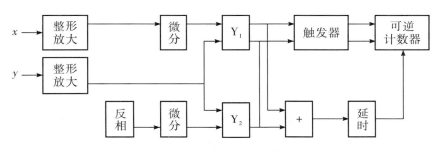

图 6-22　光栅辨向电路框图

利用光栅进行测量，每对莫尔条纹计得一个数，对应的位移即为一个栅距。随着对测量精度要求的提高，分辨率也被希望能够提高。而栅距太小的光栅不但制造困难，而且使用很不经济。对此，在过程测量中普遍采取的方法是，在选择合适的光栅常数的前提下，利用细分电路来得到所需的最小读数值。所谓细分，就是在莫尔条纹变化一个周期时，不止输出一个脉冲，而是输出多个脉冲，通过减小脉冲当量来提高分辨率。

光栅在工业现场使用时，对工作环境要求较高，不能承受大的冲击和振动，要求密封，以防止尘埃、油污和铁屑等的污染，所以成本较高。

4. 感应同步器

感应同步器是利用电磁原理将线位移和角位移转换成电信号的一种装置。根据用途，可将感应同步器分为圆盘式和直线式两种，分别用于测量线位移和角位移。由于感应同步器是一种多极感应元件，对误差起补偿作用，所以具有很高的精度，如图 6-23 所示。

在高精度数字显示系统或数控闭环系统中，圆盘式感应同步器用以检测角位移信号，直线式感应同步器用以检测线位移。感应同步器广泛应用于高精度伺服转台、雷达天线、火炮和无线电望远镜的定位跟踪、精密数控机床以及高精度位置检测系统中。

目前，感应同步器已被广泛应用于大位移静态与动态测量中，例如用于三坐标测量机、程控数控机床及高精度重型机床及加工中心测量装置等。

86

感应同步器利用电磁耦合原理实现位移检测。其可靠性高，抗干扰能力强，对工作环境要求低，在没有恒温控制和环境不好的条件下能正常工作，适应于恶劣环境的工业现场。

（a）圆盘式 　　　　　　　　　　　（b）直线式

图 6-23　感应同步器实物图

（三）　模拟量传感器

模拟量传感器是将被测量的非电学量转化为模拟量电信号的传感器，它检测在一定范围内变化的连续数值，发出的是连续信号，用电压、电流、电阻等表示被测参数的大小。在工程应用中，模拟量传感器主要用于生产系统中位移、温度、压力、流量及液位等常见模拟量的检测。温度传感器、压力传感器等都是常见的模拟量传感器。

在工业生产实践中，为了保证模拟信号检测的精度，提高抗干扰能力，便于与后续处理器进行自动化系统集成，所使用的各种模拟量传感器一般都配有专门的信号转换与处理电路，两者组合在一起使用，把检测到的模拟量变换成标准的电信号输出，这种检测装置称为变送器。

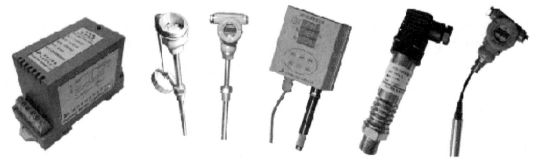

（a）电流变送器　　（b）温度变送器　　（c）湿度变送器　　（d）压力变送器　　（e）液位变送器

图 6-24　各种变送器实物图

各种变送器所输出的标准信号有标准电压或标准电流。电压型变送器的输出电压为 $-5\text{ V} \sim +5\text{ V}$、$0 \sim 5\text{ V}$、$0 \sim +10\text{ V}$ 等；电流型变送器的输出电流为 $0 \sim 20\text{ mA}$ 及 $4 \sim 20\text{ mA}$ 等。由于电流信号抗干扰能力强，便于远距离传输，所以各种电流型变送器得到了广泛应用。变送器的种类很多，用于工业自动化系统上的变送器主要有电流变送器、温度变送器、湿度变送器、压力变送器、液位变送器等，如图 6-24 所示。

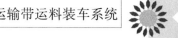

五、项目实施

1. 设计 I/O 分配表

表 6 - 1 I/O 分配表

输入			输出		
设备名称	代号	输入点编号	设备名称	代号	输入点编号
来车	S2	X1	红色指示灯	L1	Y0
料斗高度检测	S1	X2	绿色指示灯	L2	Y2
			料斗满料指示灯	L3	Y3
			装料位车辆指示灯	L4	Y4
			一层电动机	M1	Y5
			二层电动机	M2	Y6
			三层电动机	M3	Y7
			料斗进料	K1	Y10
			料斗出料	K2	Y11

2. 确定顺序功能图

根据前述实验原理可知,运输带运料装车系统顺序动作主要有初始过程和工作过程两个主要部分组成。初始过程主要由一个初始步组成,起停机待车的作用。工作过程主要有:① 料斗储料过程;② 电动机 M3 运行;③ 电动机 M2 运行;④ 电动机 M1 运行,上料阀门打开;⑤ 料满 M1 停止;⑥ 电动机 M2 停止;⑦ 电动机 M3 停止并返回初始状态。其顺序功能图如图6 -25所示。

3. PLC 指令的顺序功能图

将图 6 – 25 所示顺序功能图改写成 PLC 指令的顺序流程图并添加输出结果,如图 6 –26所示。采用启保停电路改写顺序流程图为梯形图如图 6 – 27 所示,此处的技巧为对于输出的 Y 暂时不写,在程序的最后添加,这样可以有效避免双线圈的出现而影响输出结果,使用辅助继电器(M)的顺序功能图指令编程区别于使用状态指令(S)的顺序功能图指令,后者 S 的状态编程中在不同状态间线圈可以重复出现,而在单个状态内部及使用 M 的顺序功能编程中不能出现双线圈,而出现重复线圈时一般最后的输出结果是错误的。

88

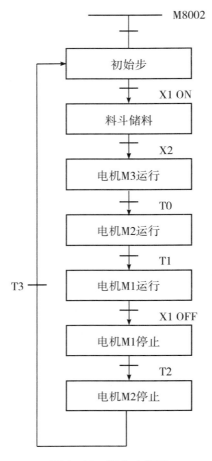

图 6 – 25　顺序功能图

4. 梯形图编程

（1）梯形图编程过程中对于每一个过程要整体分析其启动条件。如图 6 – 26 所示单序列循环顺序功能图中，初始状态 M0 相对于其他状态不同之处，如图 6 – 28 所示，有两个启动条件，根据逻辑推理，两个启动条件为并列关系。根据启保停电路完成其梯形图如图 6 – 29 所示。

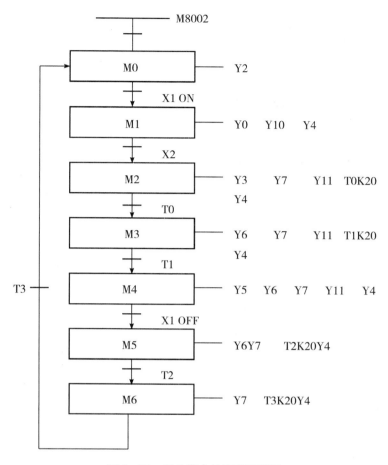

图 6-26 PLC 指令的顺序流程图

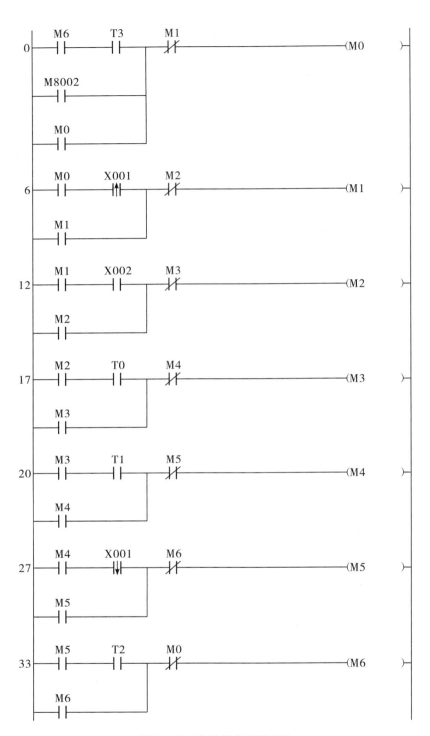

图 6 - 27　启保停电路梯形图

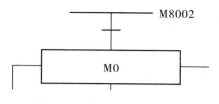

图 6 - 28　初始状态启动图

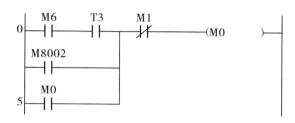

图 6 - 29　M0 的启动梯形图

（2）基于 M 的顺序控制的整体梯形图如图 6 - 30 所示。

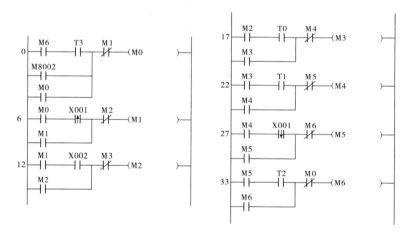

图 6 - 30　基于 M 的顺序控制梯形图

（3）对输出 Y 和 T 进行整理。注意分析每个 Y 的输出状态共有哪几个，统一进行输出，避免双线圈的出现，得总体梯形图如图 6-31 所示，写出总体指令表见图 6-32。

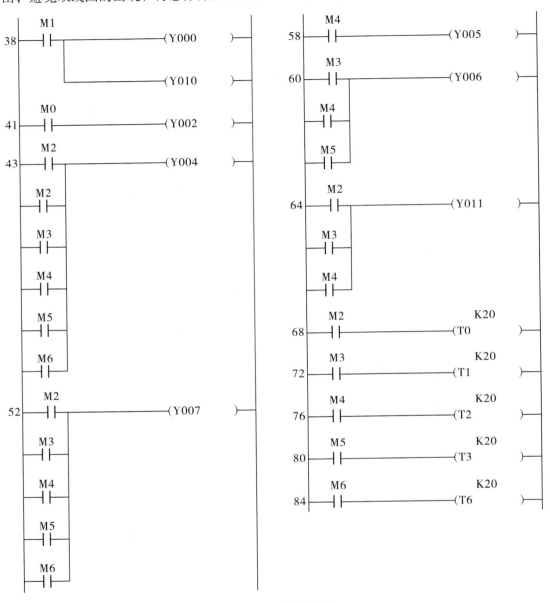

图 6-31　总体梯形图

0	LD	M6	28	ANDF	X001	56	OR	M6	
1	AND	T3	30	OR	M5	57	OUT	Y007	
2	OR	M8002	31	ANI	M6	58	LD	M4	
3	OR	M0	32	OUT	M5	59	OUT	Y005	
4	ANI	M1	33	LD	M5	60	LD	M3	
5	OUT	M0	34	ANO	T2	61	OR	M4	
6	LD	M0	35	OR	M6	62	OR	M5	
7	ANDP	X001	36	ANI	M0	63	OUT	Y006	
9	OR	M1	37	OUT	M6	64	LD	M2	
10	ANI	M2	38	LD	M1	65	OR	M3	
11	OUT	M1	39	OUT	Y000	66	OR	M4	
12	LD	M1	40	OUT	Y010	67	OUT	Y001	
13	AND	X002	41	LD	M0	68	LD	M2	
14	OR	M2	42	OUT	Y002	69	OUT	T0	K20
15	ANI	M3	43	LD	M2	72	LD	M3	
16	OUT	M2	44	OUT	Y003	73	OUT	T1	K20
17	LD	M2	45	LD	M1	76	LD	M4	
18	AND	T0	46	OR	M2	77	OUT	T2	K20
19	OR	M3	47	OR	M3	80	LD	M5	
20	ANI	M4	48	OR	M4	81	OUT	T3	K20
21	OUT	M3	49	OR	M5	84	LD	M6	
22	LD	M3	50	OR	M6	85	OUT	T6	K20
23	AND	T1	51	OUT	Y004	88	END		
24	OR	M4	52	LD	M2				
25	ANI	M5	53	OR	M3				
26	OUT	M4	54	OR	M4				
27	LD	M4	55	OR	M5				

图 6 - 32　总体指令表

六、综合练习

自动门的 PLC 控制

许多公共场所采用自动门，自动门的运动示意图如图 6 - 33 所示。人靠近自动门时，传感器信号使系统驱动电动机高速开门，碰到开门减速开关时，变为低速开门。碰到开门极限开关时开门结束，若在 0.5 s 内传感器检测到无人，驱动电动机高速关门；碰到关

94

门减速开关时改为低速关门，碰到关门极限开关时关门结束。在关门期间，若传感器检测到有人，应停止关门，延时 0.5 s 后自动转换为高速开门。其工作流程如图 6 - 34 所示，自动门接线图见图 6 - 35。要求用 PLC 来控制自动门的开和关。

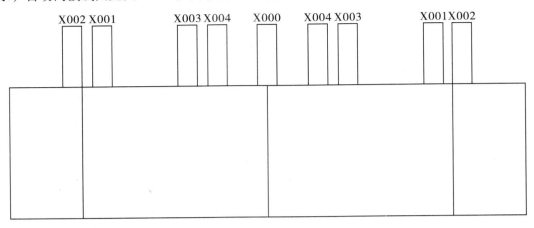

图 6 - 33 自动门的运动示意图

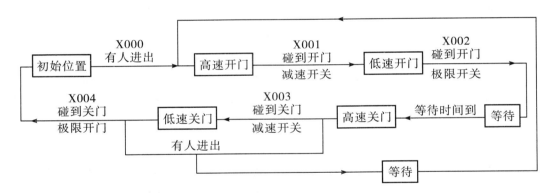

图 6 - 34 自动门流程示意图

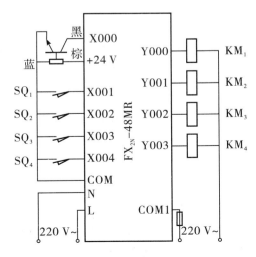

图 6 - 35 自动门接线图

如图 6 - 34 所示，人靠近自动门时，传感器输入信号（X000）使系统输出，从而驱动电动机高速开门，碰到开门减速开关时，输入信号（X001）给系统，系统变为低速开门。碰到开门极限开关（X002）时电动机停止，开始延时。若在 0.5 s 内传感器检测到无人，信号驱动电动机高速关门。碰到关门减速开关（X003）时，系统改为低速关门，碰到关门极限开关（X004）时电动机停止转动。在关门期间若传感器检测到有人，停止关门，延时 0.5 s 后自动转换为高速开门。也就是说整个自动门系统在运行时，不管是在高速关门还是在低速关门过程中，只要有人进来就会重新启动高速开门动作，而不再是进行关门动作。这是一个很典型的根据条件进行选择的实例，这里的选择条件就是看是否有人进门。这个项目可以用选择序列来实现。

请参考图 6 - 34 所示自动门流程示意图。分配 I/O 端子，填写表 6 - 2 自动门 I/O 表，然后设计出梯形图和指令表。

表 6 - 2　自动门 I/O 表

输　入		输　出	
输入继电器	作用	输出继电器	作用

项目七　机械手的控制

一、教学目标

1. 基本知识

（1）掌握顺序功能图的组成。

（2）掌握单序列顺序功能图。

2. 技能

（1）根据机械功能要求制定出顺序功能图。

（2）将顺序功能图改画为梯形图。

（3）掌握机械手控制的外部接线和调试。

二、项目要求

本项目要求用一个直动式搬运机械手将工作台上的工件从 A 搬运到 B，其工作如图 7-1所示。要求机械手能水平与垂直两个方向移动，请设计 PLC 控制系统来实现对机械手运动的控制。

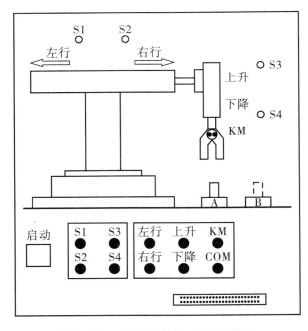

图 7-1　工件传送机械手结构示意图

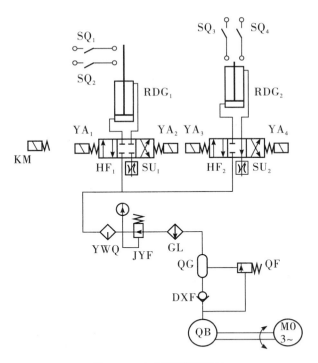

图 7 - 2　机械手液压系统

　　机械手的全部动作由气缸驱动，电磁阀控制气缸，其中机械手的上、下、左和右行分别由双电磁换向阀控制。其动作过程如图 7 - 2 所示：从原点开始，按下启动按钮时，当光电开关检测到没有工件时，则机械手下行，下行碰到下限位开关，下行停止；同时接通夹紧电磁阀，机械手夹紧，夹紧后，上行电磁阀通电，机械手上行，上行到顶时，碰到上行限位开关，上行停止；机械手右行，碰到右行限位开关，右行停止；机械手下降，碰到下行限位开关，下行停止；夹紧电磁阀断开，机械手放松；放下工件后，机械手上行，碰到上行开关，机械手左行回到原点停止。至此完成一个周期的操作。机械手操作方式如下几种状态：

　　（1）手动操作方式：用单个按钮的点动接通或切断各负载的模式。

　　（2）回原位方式：按"回原位"使机械手自动复归原位的模式。

　　（3）自动操作方式。

　　① 单步工作方式：每次按启动按钮，机械手前进一个工序。

　　② 单周期工作方式：在原点位置上，每次按启动按钮时，机械手进行一次循环的自动运行并在原位停止。

　　③ 连续运行工作方式：在原点位置上，按启动按钮时，机械手的动作将自动连续不断地周期性循环。若按停止按钮，则继续动作至原位后停止。

　　本项目的自动控制要求有：

　　（1）按下启动按钮，机械手下降到达限位开关 S4 时停止。

　　（2）机械爪夹紧工件时 KM 吸合，上升至限位开关 S3 时停止。

　　（3）机械臂右行至限位开关 S2 时停止。

（4）机械手开始下降，至限位开关 S4 时停止。

（5）机械爪松开，KM 失电。

（6）机械手上升，至限位开关 S3 后左行，左行至限位开关 S1 时停止。

（7）回到初始位置，开始下一个工件的传送。

三、相关知识

（一）状态寄存器

状态寄存器（S）用来记录系统运行中的状态，是绘制顺序控制程序图（参见图 6-2）的重要编程元件，经常与步进梯形图指令 STL 结合应用。FX 2N 共有 1 000 个状态寄存器，如表 7-1 所示。

表 7-1　状态寄存器 S 分类

类别	元件编号	个数	用途及特点
初始状态	S0 ~ S9	10	用作 SFC 的初始状态
返回状态	S10 ~ S19	10	多运行模式控制当中，用作返回原点的状态
一般状态	S20 ~ S499	480	用作 SFC 的中间状态
掉电保持状态	S500 ~ S899	400	具有掉电保持功能，停电恢复后需继续执行的场合，可用这些状态元件
信号报警状态	S900 ~ S999	100	用作报警元件

在使用状态器时应注意：

（1）状态器与辅助继电器一样有无数的常开和常闭触点。

（2）状态器不与步进顺控指令 STL 配合使用时，可作为辅助继电器 M 使用。

（3）FX 2N 系列 PLC 可通过程序设定将 S0 ~ S499 设置为有断电保持功能的状态器。

（二）顺序功能图的画法

1. 顺序功能图的编程元件

顺序功能图的基本编程元件是步、有向线段、转移和动作。其特点是：

（1）复杂的控制任务或者工作分解成若干工序。

（2）各工序的任务明确而具体。

（3）各工序的联系清楚，可读性强，能清晰地反映整个控制过程，给编程人员清晰的编程思路。

设计顺序功能图时，首先要将系统的工作过程分解成若干个连续的阶段，这些阶段称为状态或步。步与步之间由转换条件来间隔。当相邻两步之间的转换条件得到满足时，转换得以实现，即上一步的活动结束，下一步的活动开始。

2. 顺序功能图必须具备的要素

完整顺序功能图必须要具备顺序任务、状态转移条件、状态转移方向三大要素。

3. 顺序功能图的画法

（1）用矩形框来表示"步"或"状态"，矩形框中填写状态 S 及其编号。

（2）与控制过程的初始情况相对应的状态称为初始状态，每个状态转移图应有一个初始状态，初始状态用双线框来表示。与步相关的动作或命令用与步相连的梯形图符来表示。当某步激活时，相应的动作或命令被执行。一个活动步可以有一个或几个动作（命令）被执行。

（3）步与步之间用有向线段连接，如果进行方向是从上到下或从左到右，则线段上的箭头可以不画。步的活动状态的进展，要由转换条件的实现来完成。

（4）转换条件用一条小短线表示，在短线旁可用文字、布尔表达式或图形符号标注转换条件。

（三）步进梯形指令

STL——步进开始标志，用于激活某个状态（继电器）S，又称步进触电指令。

RET——步进结束标志，用于步进触电动作的解除。

STL 表示步进梯形开始，相当于将母线移动，其后的相关回路就用一般梯形图指令编写。当步进动作结束时，需将母线返回，故用 RET 指令，表示步进梯形图结束，如图7-3所示。

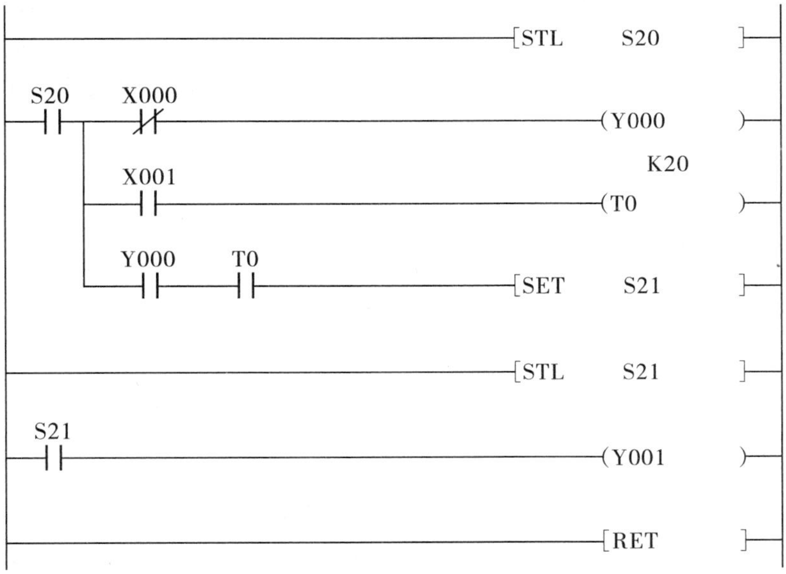

图 7-3　状态寄存器编程案例

步进阶梯指令虽然只有两个，但是在使用时有一些特别需要注意的事项：

（1）步进点号码不可重复使用，也就是在一个设计回路中，每一个步进点只能使用一次。

（2）当 STL 触电动作时，表示 PLC 正在执行此 STL 后面所连接的回路。

（3）在一般基本指令梯形图中避免输出线圈重复使用，但在步进阶梯指令中的输出线圈可重复使用。

（4）不可同时动作的输出线圈不要设计在相邻的步进点，如果非此不可时，必须在外部配线与软件程序均做互锁保护，以确保安全。

（5）定时器输出线圈请勿使用在相邻步进点，但如使用在不相邻步进点，可与一般的输出线圈一样重复使用。

（6）STL 后面的母线不可直接使用 MPS/MRD/MPP 指令。

（7）STL 后面如使用 LD/LDI 指令之后，即可使用 MPS/MRD/MPP 指令。

（8）在 STL 后面，SET 与 OUT 都将控制权转移到另一个步进点，且本身自动变成 OFF。但 SET 是表示驱动下一个步进点，而 OUT 是用来驱动分离步进点（分离步进点是指不同流程的步进点）。

（9）一个步进点必须执行三项任务，就是驱动输出线圈、指定移动条件及控制权要转移到那一个步进点。

（10）与步进梯形图相关的特殊辅助继电器及其说明如下：

① M8000：常接 ON 触电，也就是 PLC 在 RUN 的状态时，M8000 为 ON。

② M8002：初始脉冲，也就是 PLC 从 STOP 到 RUN 变化时，M8002 就送出一个 PLUS，在步进梯形图设计中常被用来驱动初始步进点。

③ M8040：移动禁止，也就是当 M8040 为 ON 时，步进点的移动全部禁止。

④ M8046：步进点动作中，只要有任何一个步进点在动作时，M8046 就为 ON。

⑤ M8047：步进监视，就是 M8047 被 ON 时，在计算机上的步进点监视才有效。

⑥ M8034：输出全部禁止，就是 M8034 被 ON 时，PLC 的外部输出（Y）全部被禁止（OFF）。

（四） 区间复位指令

区间复位指令 ZRST，也称为批量复位指令。

ZRST 指令梯形图格式：├─┤├────[ZRST　(D1)　(D2)　]─┤

1. 指令说明

（1）ZRST 指令是将目标操作数［D1.］和［D2.］指定的元件号范围内的同类元件成批复位。其功能指令编号为 FNC40，目标操作数［D1.］和［D2.］可取的数据类型有 T、C 和 D（字元件）或 Y、M、S（位元件）。

（2）［D1.］和［D2.］指定的应为同一类元件，［D1.］的元件号应小于等于［D2.］的元件号。若［D1.］的元件号大于［D2.］的元件号，则只有［D1.］指定的元件被复位。

（3）虽然 ZRST 指令是 16 位处理指令，但是可在［D1.］，［D2.］中指定 32 位计数器。不过不能混合指定，即不能在［D1.］中指定 16 位计数器，在［D2.］中指定 32 位计数器。

2. 编程实例

如图 7-4 所示，M8002 在 PLC 运行开始瞬间为 ON，区间复位指令执行。位元件 M0～M10成批复位，状态元件 S0～S20 成批复位，字元件 C0～C30 成批复位，字元件

T3 ~ T21 成批复位。

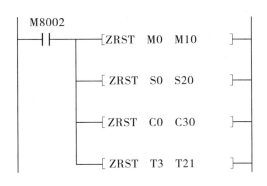

图 7 - 4　ZRST 指令应用举例

（五）换向阀

电磁换向阀是利用电磁铁吸力推动阀芯来改变阀的工作位置。由于它可借助于按钮开关、行程开关、限位开关、压力继电器等发出的信号进行控制，所以操作轻便，易于实现自动化，因此在液压控制中应用广泛。对换向阀的主要要求：

（1）油液流经换向阀时的压力损失要小。

（2）互不相通的油口间的泄露要小。

（3）换向要平稳、迅速且可靠。

如图 7 - 5 所示为直流式三位四通电磁换向阀。当两边电磁铁都不通电时，阀芯 3 在两边对中弹簧 4 的作用下处于中位，P、T、A、B 口互不相通；当右边电磁铁通电时，推杆 6 将阀芯 3 推向左端，P 与 A 通，B 与 T 通，当左边电磁铁通电时，P 与 B 通，A 与 T 通。必须指出，由于电磁铁的吸力有限（120 N），因此电磁换向阀只适用于流量不太大的场合。当流量较大时，需采用液动或电液动控制。

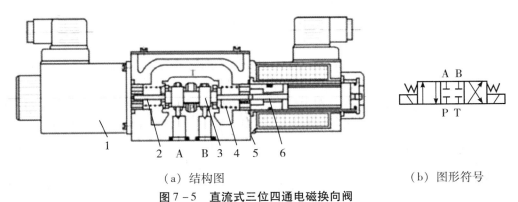

（a）结构图　　　　　　　　　　　　　（b）图形符号

图 7 - 5　直流式三位四通电磁换向阀

1—电磁铁；2—推杆；3—阀芯；4—弹簧；5—挡圈

换向阀是借助于滑阀和阀体之间的相对运动，使与阀体相连的各油路实现液压油的接通、切断和换向。换向阀的中位机能是指换向阀里的滑阀处在中间位置或原始位置时阀中各油口的连通形式，体现了换向阀的控制机能，采用不同形式的滑阀会直接影响执行元件的工作状况。因此，在进行工程机械液压系统设计时，必须根据该机械的工作特点选取合适的中位机能的换向阀。中位机能有 O 型、H 型、X 型、M 型、Y 型、P 型、J 型、C 型、K 型、U 型等多种形式。

各种形式中位机能结构的特点如下：

①O 型中位机能结构特点：在中位时，各油口全封闭，油不流通。机能特点：工作装置的进、回油口都封闭，工作机构可以固定在任何位置静止不动，即使有外力作用也不能使工作机构移动或转动，因而不能用于带手摇的机构。从停止到启动比较平稳，因为工作机构回油腔中充满油液，可以起缓冲作用，当压力油推动工作机构开始运动时，因油阻力的影响而使其速度不会太快，制动时运动惯性引起液压冲击较大。油泵不能卸载。换向位置精度高。

②H 型中位机能结构特点：在中位时，各油口全开，系统没有油压。机能特点：进油口 P、回油口 T 与工作油口 A、B 全部连通，使工作机构成浮动状态，可在外力作用下运动，适用于带手摇的机构。液压泵可以卸荷。从停止到启动有冲击。因为工作机构停止时回油腔的油液已流回油箱，没有油液起缓冲作用。制动时油口互通，故制动较 O 型平稳。对于单杆双作用油缸，由于活塞两边有效作用面积不等，因而用这种机能的滑阀不能完全保证活塞处于停止状态。

③X 型中位机能结构特点：在中位时，A、B、P 油口都与 T 回油口相通。机能特点：各油口与回油口 T 连通，处于半开启状态，因节流口的存在，P 油口还保持一定的压力。在滑阀移动到中位的瞬间使 P、A、B 与 T 油口半开启地接通，这样可以避免在换向过程中由于压力导致的油口 P 突然封堵而引起的换向冲击。油泵不能卸荷。换向性能介于 O 型和 H 型之间。

④M 型中位机能结构特点：在中位时，工作油口 A、B 关闭，进油口 P 和回油口 T 直接相连。机能特点：由于工作油口 A、B 封闭，工作机构可以保持静止。液压泵可以卸荷。不能用于带手摇装置的机构。从停止到启动比较平稳。制动时运动惯性引起液压冲击较大。可用于油泵卸荷而液压缸锁紧的液压回路中。

⑤Y 型中位机能结构特点：在中位时，进油口 P 关闭，工作油口 A、B 与回油口 T 相通。机能特点：因为工作油口 A、B 与回油口 T 相通，工作机构处于浮动状态，可随外力的作用而运动，能用于带手摇的机构。从停止到启动有些冲击，从静止到启动时的冲击、制动性能在 O 型与 H 型之间。油泵不能卸荷。

⑥P 型中位机能结构特点：在中位时，回油口 T 关闭，进油口 P 与工作油口 A、B 相通。机能特点：对于直径相等的双杆双作用油缸，活塞两端所受的液压力彼此平衡，工作机构可以停止不动。也可以用于带手摇装置的机构，但是对于单杆或直径不等的双杆双作用油缸，工作机构不能处于静止状态而组成差动回路。从停止到启动比较平稳，制动时油缸两腔均通压力油，故制动平稳。油泵不能卸荷。换向位置变动比 H 型的小，应用广泛。

⑦J 型中位机能结构特点：进油口 P 和工作油口 A 封闭，另一工作油口 B 与回油口 T 相连。机能特点：油泵不能卸荷。两个方向换向时性能不同。

⑧C 型中位机能结构特点：进油口 P 与工作油口 A 连通，而另一工作油口 B 与回油口 T 连通。机能特点：油泵不能卸荷；从停止到启动比较平稳，制动时有较大冲击。

⑨K 型中位机能结构特点：在中位时，进油口 P 与工作油口 A 与回油口 T 连通，而另一工作油口 B 封闭。机能特点：油泵可以卸荷。两个方向换向时性能不同。

⑩U 型中位机能结构特点：A、B 工作油口接通，进油口 P、回油口 T 封闭。机能特点：由于工作油口 A、B 连通，工作装置处于浮动状态，可在外力作用下运动，可用于带手摇装置的机构。从停止到启动比较平稳，制动时也比较平稳。油泵不能卸荷。

（六）气动控制系统

气动控制系统是以压缩空气为工作介质，在控制元件的控制和辅助元件的配合下，通过执行元件把空气的压缩能转换为机械能，从而完成气缸直线或回转运动并对外做功。一个完整的气动控制系统由气压发生器（气源装置）、执行元件、控制元件、辅助元件、检测装置以及控制器等基本部分组成，如图 7-6 所示。

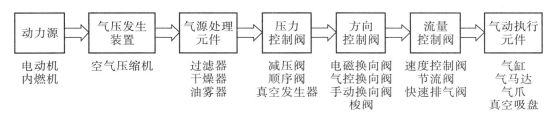

图 7-6　气动控制系统组成图

空气压缩机是气动控制系统的动力源，它把电动机输出的机械能转换成气压能输送给气动控制系统。按工作原理主要可分为容积式和速度式（叶片式）两类。容积式空气压缩机按结构不同又可分为活塞式、膜片式和螺杆式等；速度式空气压缩机按结构不同可分为离心式和轴流式等。

1. 气动执行元件

在气动控制系统中，气动执行元件是一种将压缩空气的能量转化为机械能，实现直线、摆动或者回转运动的传动装置。气动系统中常用的执行元件是气缸、气爪和气马达，如图 7-7 所示。气缸用于实现直线往复运动，气马达则是实现连续回转运动。

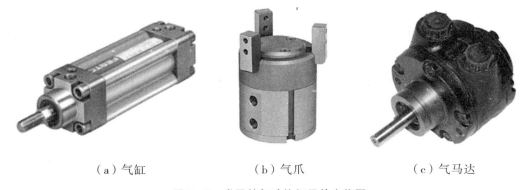

（a）气缸　　　　　　　（b）气爪　　　　　　　（c）气马达

图 7-7　常见的气动执行元件实物图

气动执行元件作为气动控制系统中重要的组成部分，被广泛应用在各种自动化机械及生产装备中。为了满足各种应用场合的需要，实际设备中使用的气动执行元件不仅种类繁多，而且各元件的结构特点与应用场合也都不相同，如表 7 - 2 所示。

表 7 - 2　常用气动执行元件的工程实际应用特点

类型	应用特点
单作用气缸	单作用气缸结构简单，耗气量少，缸体内安装了弹簧，缩短了气缸的有效行程，活塞杆的输出力随运动行程的增大而减小，弹簧具有吸收动能的能力，可减小行程终端的撞击作用；一般用于行程短、对输出力和运动速度要求不高的场合
双作用气缸	通过双腔的交替进气和排气驱动活塞杆伸出与缩回，气缸实现往复直线运动，活塞前进或后退都能输出力（推力或拉力）；活塞行程可以根据需要选定，双向作用的力和速度可根据需要调节
摆动气缸	利用压缩空气驱动输出轴在一定角度范围内做往复回转运动，其摆动角度可在一定范围内调节，常用的固定角度有 90°、180°、270°；用于物体的转位、翻转、分类、夹紧、阀门的开闭以及机器人的手臂动作等
无杆气缸	节省空间，行程与缸径之比可达 50 至 200，定位精度高，活塞两侧受压面积相等，具有同样的推力，有利于提高定位精度及长行程工作的可能性。其结构简单、占用空间小，适合小缸径、长行程的场合，但限位器使负载停止时，活塞与移动体有脱开的可能
气　爪	气动手爪的开闭一般是通过由气缸活塞产生的往复直线运动带动与手爪相连的曲柄连杆、滚轮或齿轮等机构，驱动各个手爪同步做开、闭运动；主要是针对机械手的用途而设计的，用来抓取工件，实现机械手的各种动作
气马达	气动马达与电动机相比，其特点是外壳体轻，输送方便；又因为其工作介质是空气，所以不必担心引起火灾；气动马达过载时能自动停转，与供给压力保持平衡状态。由于上述特点，气动马达广泛应用于矿山机械、易燃易爆液体及气动工具等场合

2. 气动控制元件

气动系统的控制元件主要是控制阀，它用来控制和调节压缩空气的方向、压力和流量，以保证执行元件具有一定的输出力和速度并按设计的程序正常工作。按其作用和功能可分为：压力控制阀、流量控制阀和方向控制阀。

（1）压力控制阀。主要有减压阀、安全阀和顺序阀等。常用气动压力控制阀实物图如图 7 - 8 所示，其作用及应用特点见表 7 - 3。

（a）减压阀　　　　　　　　　（b）安全阀　　　　　　　　　（c）顺序阀

图 7 - 8　常用气动压力控制阀实物图

表7-3　主要气动压力控制阀的类型与作用及应用特点

类　型	作　用　及　应　用　特　点
减压阀	对来自供气气源的压力进行二次压力调节,使气源压力减小到各气动装置需要的压力,并保证压力值保持稳定
安全阀	也称为溢流阀,在系统中起到安全保护作用。当系统的压力超过规定值时,安全阀打开,将系统中一部分气体排入大气,使得系统压力不超过允许值,从而保证系统不因压力过高而发生事故
顺序阀	依靠气路中压力的作用来控制执行元件按顺序动作的一种压力控制阀。顺序阀一般与单向阀配合在一起,构成单向顺序阀

（2）流量控制阀。流量控制阀在气动系统中通过改变阀的流通截面积来实现流量控制,以达到控制气缸运动速度或者控制换向阀的切换时间和气动信号的传递速度。流量控制阀包括调速阀、单向节流阀和带消音器的排气节流阀等,其实物如图7-9所示,其作用及应用特点见表7-4。

（a）调速阀　　　　　　　　（b）单向节流阀　　　　（c）带消音器的排气节流阀

图7-9　常用气动流量控制阀

表7-4　主要气动流量控制阀的类型与作用及应用特点

类　型	作　用　及　应　用　特　点
调速阀	大流量直通型速度控制阀的单向阀,其阀芯为座阀式,当手轮开启圈数少时,进行小流量调节;当手轮开启圈数多时,节流阀杆将单向阀顶开至一定开度,可实现大流量调节。直通式接管方便,占用空间小
单向节流阀	单向阀的功能是靠单向型密封圈来实现的。单向节流阀是由单向阀和节流阀并联而成的流量控制阀,常用于控制气缸的运动速度,故常称为速度控制阀
带消音器的排气节流阀	带消声器的排气节流阀通常装在换向阀的排气口上,控制排入大气的流量,以改变气缸的运动速度。排气节流阀常带有消声器,可降低排气噪声20 dB以上。一般用于换向阀与气缸之间不能安装速度控制阀的场合及带阀气缸上

（3）方向控制阀。是气动系统中通过改变压缩空气的流动方向和气流通断来控制执行元件启动、停止及运动方向的气动元件,通常使用比较多的是电磁换向阀。电磁换向阀是气动控制中最主要的元件,它是利用电磁线圈通电时,静铁芯对动铁芯产生电磁吸

引力使阀切换以改变气流方向。根据阀芯复位控制方式，可以分为单电控和双电控两种，如图 7 - 10 所示。电磁阀按阀切换通道数目的不同可以分为二通阀、三通阀、四通阀、五通阀；同时，按阀芯的切换工作位置数目的不同又可以分为二位和三位。其图形符号如图 7 - 11 所示。

（a）单电控　　　　　　　　　　　　　　　　（b）双电控

图 7 - 10　电磁换向阀

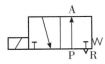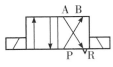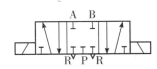

（a）二位三通阀　　（b）二位四通阀　　（c）二位五通阀　　（d）三位五通阀

图 7 - 11　电磁换向阀的图形符号

3. 气动控制回路

气动控制系统无论多么复杂，都是由一些具有不同功能的基本回路组成。基本回路按照其目的和控制功能可以分为方向控制回路、压力控制回路和速度控制回路等。

（1）方向控制回路。方向控制回路是控制系统中执行元件启动、停止或改变运动方向的回路。常用的是换向回路，有：

① 单作用气缸的换向回路。如图 7 - 12 所示为二位三通电磁换向阀控制的换向回路。当电磁阀断电时，气缸活塞杆在弹簧力的作用下，处于缩进状态；当电磁阀通电时，气缸活塞杆在压缩空气作用下，向右伸出。

② 双作用气缸的换向回路。如图 7 - 13 所示。

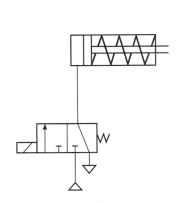

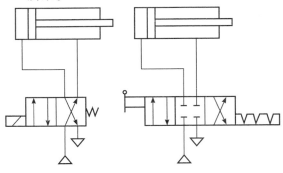

（a）二位四通电磁　　（b）三位四通手动
换向阀控制的换向回路　　换向阀控制的换向回路

图 7 - 12　单作用气缸的换向回路　　　图 7 - 13　双作用气缸的换向回路

（2）压力控制回路。

① 一次压力控制回路，如图 7 - 14 所示，一次压力控制回路用于使贮气罐送出的气体压力不超过规定压力。通常在贮气罐上安装一只安全阀，一旦罐内压力超过规定压力就通过安全阀向外放气；也常在贮气罐上装一只电接触压力表，一旦罐内压力超过规定压力时，就控制压缩机断电，不再供气。

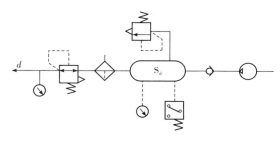

图 7 - 14 一次压力控制回路

② 二次压力控制回路。二次压力控制回路是每台气动装置的气源入口处的压力调节回路。如图 7 - 15（a）所示，从压缩空气站出来的压缩空气，经空气过滤器、减压阀、油雾器出来后供给气动设备使用。也可以用两个减压阀实现两个不同的输出压力 p_1 和 p_2，如图 7 - 15（b）所示。

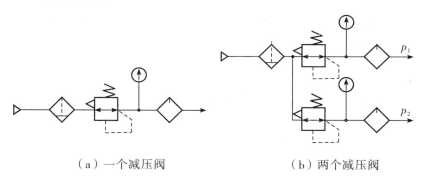

（a）一个减压阀　　　　　　　　（b）两个减压阀

图 7 - 15 二次压力控制回路

③ 高低压转换回路。如图 7 - 16 所示，由两个减压阀和一个换向阀组成，可以由换向阀控制得到输出高压或低压气源，若去掉换向阀，就可以同时得到输出高压和低压两种气源。

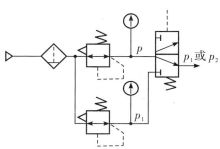

图 7 - 16 高低压转换回路

（3）速度控制回路。

① 单向调速回路。如图 7 - 17 所示。

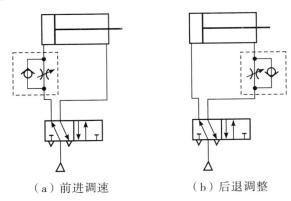

（a）前进调速　　　　（b）后退调整

图 7 - 17　单向调速回路

② 双向调速回路。如图 7 - 18 所示。

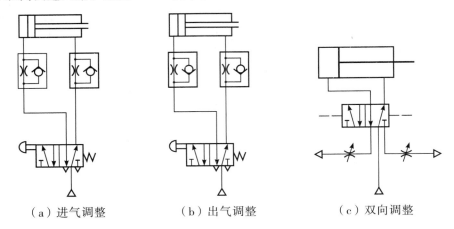

（a）进气调整　　　　（b）出气调整　　　　（c）双向调整

图 7 - 18　双向调速回路

③ 速度换接回路。如图 7 - 19 所示。

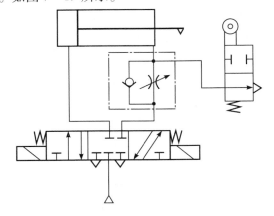

图 7 - 19　速度换接回路

四、触摸屏

（一） 触摸屏简介

随着工业自动化的发展，基于 PLC 的自动化系统与自动化设备几乎普及到每个工业领域。虽然 PLC 能实现各种控制任务，但无法显示控制数据。为能使工业现场操作员与 PLC 之间方便对话，与之相应的人机交互系统应运而生，并得到了同步发展。

触摸屏能以图形方式显示所连接的 PLC 的状态、当前数据和过程故障信息，同时操作员也可在人机界面上直接操作设备和监视整个生产过程的设备或系统。借助工业触摸屏这一智能人机界面（Human and Machine Interface，HMI），操作员与 PLC 设备之间架起了一座双向沟通的桥梁。

触摸屏作为人机界面的主要设备，包括 HMI 硬件和相应的专用画面组态软件。触摸屏系统一般包括触摸检测装置和触摸屏控制器两个部分。触摸检测装置用于检测用户触摸位置，接收到触摸信号后，将信号发送到触摸屏控制器。触摸屏控制器用于接收从触摸检测装置发来的触摸信息，并将它转换成触点坐标，再送给触摸屏的 CPU，触摸屏控制器能同时接收 CPU 发来的命令并加以执行。

按照触摸屏的工作原理和传输信息的介质，把触摸屏分为电阻式、电容式、红外线式以及表面声波式四种。每一种触摸屏都有其各自的优缺点，要了解哪种触摸屏适用于哪种场合，关键就在于要懂得每一类触摸屏的工作原理和特点。下面对上述的各种类型的触摸屏进行简要介绍，具体的优缺点对比如表 7-5 所示。

1. 电阻式触摸屏

电阻式触摸屏利用压力感应进行控制。电阻触摸屏的主要部分是一块与显示器表面非常配合的电阻薄膜屏，这是一种多层的复合薄膜，它以一层玻璃或硬塑料平板作为基层，表面涂有一层透明氧化金属（透明的导电电阻）导电层，上面再盖有一层外表面硬化处理、光滑防擦的绝缘塑料层，它的内表面也涂有一层涂层，两层导电层之间以许多细小的（小于 1/1 000 英寸）透明隔离点隔开绝缘。当手指触摸屏幕时，两层导电层在触摸点位置就有了接触，电阻发生变化，在 X 和 Y 两个方向上产生信号，然后送到触摸屏控制器。控制器侦测到这一接触并计算出（X，Y）的位置，再根据模拟鼠标的方式运作。这就是电阻式触摸屏最基本的原理。所以，电阻触摸屏可用较硬物体操作。

不管是四线电阻触摸屏还是五线电阻触摸屏，它们都处于一种对外界完全隔离的工作环境，不怕灰尘和水汽，它可以用任何物体来触摸，可以用来写字画画，比较适合工业控制领域及办公室内有限人数的使用。电阻触摸屏的缺点是因为复合薄膜的外层采用塑胶材料，人的手太用力或使用锐器触摸，可能划伤整个触摸屏而导致报废。不过，在一定限度之内，划伤只会伤及外导电层，外导电层的划伤对于五线电阻触摸屏来说没有关系，而对四线电阻触摸屏来说则是致命的。

2. 电容式触摸屏

电容式触摸屏是利用人体的电流感应进行工作的。电容式触摸屏是一块四层复合玻璃屏，玻璃屏的内表面和夹层各涂有一层 ITO（氧化铟锡）膜，最外层是一薄层硅土玻璃保护层，夹层 ITO 涂层作为工作面，四个角上引出四个电极，内层 ITO 为屏蔽层以保证良好的工作环境。当手指触摸在金属层上时，由于人体存在电场，用户和触摸屏表面形成以一个耦合电容，对于高频电流来说，电容是直接导体，于是手指从接触点吸走一个很小的电流。这个电流从触摸屏的四角上的电极中流出，并且流经这四个电极的电流与手指到四角的距离成正比，控制器通过对这四个电流比例的精确计算，得出触摸点的位置。

电容触摸屏最外面的矽土保护玻璃防刮擦性很好，但是怕指甲或硬物的敲击，敲出一个小洞就会伤及夹层 ITO，不管是伤及夹层 ITO 还是安装运输过程中伤及内表面 ITO层，电容屏就不能正常工作了。

3. 红外线式触摸屏

红外线触摸屏是全新一代的智能技术产品，它实现了 977×737 高分辨率、多层次自调节和自恢复的硬件适应能力和高度智能化的判别识别，不受电流、电压和静电干扰，可长时间在各种恶劣环境下任意使用。并且可针对用户订制扩充功能，如网络控制、声感应、人体接近感应、用户软件加密保护、红外数据传输等。目前红外线式触摸屏已经克服了抗光干扰、抗暴性差缺点，只要真正实现了高稳定性能和高分辨率，红外线触摸屏必将替代其他技术产品而成为触摸屏市场主流。

4. 表面声波式触摸屏

表面声波式触摸屏清晰度较高，透光率好，高度耐久，抗刮伤性良好（相对于电阻式、电容式等有表面镀膜的触摸屏），反应灵敏，不受温度、湿度等环境因素影响，分辨率高，寿命长（维护良好情况下 5 000 万次）；透光率高（92%），能保持清晰透亮的图像质量；没有漂移，只需安装时一次校正；有第三轴（即压力轴）响应，在公共场所使用较多。表面声波屏需要经常维护，因为灰尘、油污甚至饮料的液体沾污触摸在触摸屏的表面，都会阻塞其表面的导波槽，使声波不能正常发射，或使波形改变而导致控制器无法正常识别，从而影响触摸屏的正常使用。用户需严格注意环境卫生，必须经常擦抹屏的表面以保持屏面的光洁，并定期做全面彻底擦除。

表 7-5 各种触摸屏的优缺点对比表

指标	四线电阻屏	声波屏	五线电阻屏	红外屏	电容屏
价格（元）/片	低	中	较高	高	较高
寿命	3 年	5 年	3 年	3 年	2 年
维护	免	2 次/年	免	1 次/年	免
防暴性	一般	好	一般	好	好
稳定性	高	较高	高	高	一般
透明度	一般	好	好	好	一般
安装形式	内置或外挂	内置或外挂	内置或外挂	外挂	内置
触摸物	任何物体	手指、软胶	任何物体	截面	尖锐物不可
输出分辨率	4 096×4 096	4 096×4 096	4 096×4 096	977×737	4 096×4 096

续上表

指标	四线电阻屏	声波屏	五线电阻屏	红外屏	电容屏
抗强光干扰性	好	好	好	差	差
响应速度	<10 ms	<10 ms	<15 ms	<20 ms	<15 ms
跟踪速度	好	第二点速度慢	好	好	好
误抬笔动作	好	一般	好	好	好
传感器损伤影响	较小	很大	较小	较小	较小
污物影响	没有	较大	没有	较大	较大
漂移	没有	较小	较大	较大	较大
适用显示器	纯平	纯平	均可	纯平最好	均可
防水性	好	一般	好	一般	好
防电磁干扰	好	一般	好	好	一般
适用范围	室内或室外	室内	室内或室外	室内	室内或室外

　　触摸屏在工业领域的应用越来越广泛，不同的生产厂家相继推出各种不同的触摸屏，下面介绍一些典型触摸屏生产厂家的产品。

　　1. 深圳人机电子有限公司 eView 系列产品

　　eView 系列触摸屏是工业触摸屏领域的优秀代表产品，能理想、生动地显示 PLC、单片机、PC 上的数据信息，并直接支持市面上大多数的 PLC 产品；功能强大，使用方便；具备现场总线联网功能。

　　eView 5000 的 MT5500 系列触摸屏 CPU 为 32 位 RISC CPU 300 MHz，显示屏为 10.4 英寸薄膜晶体管（TFT）液晶屏，如图 7 - 20 所示。标准硬件两个串口可同时使用不同协议，连接不同的控制器；支持多串口同时通信功能；全面支持以太网通信和多个触摸屏任意组网功能；支持 24 位位图 JPEG、GIF 等格式图像导入和 USB 下载。

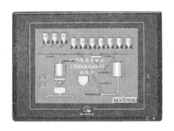

图 7 - 20　eView 5000 的 MT5500 系列触摸屏

　　2. GE 公司 QUICK PANEL 系列显示器

　　QUICK PANEL 系列显示器产品类型丰富，从 5 英寸单色 LCD 到 12 英寸彩色 TFT 触摸屏；耐环境等级达到 IP65 F；有多家 PLC 装配电缆；2 MB 的闪存加备有电池的 SDRAM，以防电源丢失；图形库中已定义好的部件达到 1 200 个；不同的显示技术液晶显示器（LCD），超扭曲向列（STN），薄膜晶体管（TFT）；用户可替换背景显示灯；可与多家 PLC 现场总线建立通信；GP - PRO Windows95/98/NT 支持所有的 QUICK PANEL 开发应用。QUICK PANEL 系列触摸屏如图 7 - 21 所示。

图 7 - 21　QUICK PANEL 系列触摸屏

3. WEINVIEW MT606CV2 触摸屏

WEINVIEW MT606CV2 触摸屏是中国台湾威纶科技股份有限公司的产品，具有轻、薄、短、小的特点，是为了小尺寸的操作界面市场而设计的。其性能是 7.7 英寸超扭曲向列（STN）的彩色液晶显示器；使用 RISC 技术的 Intel Xscale PXA255 200 MHz 处理器，高效能、低耗电；WEINVIEW MT606CV2 触摸屏有一个 10/100 Base - T 的以太网接口，可实现全球通信；WEINVIEW MT606CV2 内嵌 Windows CE 操作系统。

图 7 - 22　WEINVIEW MT606CV2 触摸屏

4. SIMATIC OP 270

德国西门子公司推出操作员面板为键盘操作的 SIMATIC OP 270（见图 7 - 23），可选 5.7 英寸或 10.4 英寸彩色 STN 显示。主要优点是坚固耐用，结构紧凑；可通过以太网（TCP/IP）、CF 卡（便携式电子设备的数据存储设备）、MPI（多点接口）或 USB（通用串行总线）备份或恢复；可远程下载/上载组态和硬件升级；配置各种接口，例如 MPI、PROFIBUS - DP、USB；同时触摸屏也采用 Windows CE 操作系统，标准硬件/软件接口保证了极高的柔性和透明度以及办公环境的访问功能。

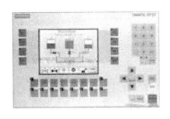

图 7 - 23　SIMATIC OP 270 触摸屏

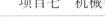

5. 台达电子股份有限公司的 DOP - B 系列触摸屏

台达电子股份有限公司的 DOP - B 系列触摸屏（见图 7 - 24）是 1.7 英寸宽屏幕（16:10）TFT 机种，具有高彩 65 536 色，分辨率为 480×234；造型时尚，内置高质感 MP3/WMA/WAV/MIDI 音效功能；提供普及型、隔离型、网络型机型，分别整合 CF 卡，Ethernet 和 Can bus 接口，满足用户的不同需求；支持 USB 上下载，可连接打印机和 U 盘；具有宏指令精灵，使宏指令使用更便利；具有多重画面开机功能，可选择从 USB/CF 卡中任意项目加载，并提供预览画面；提供多种蜂鸣器音调模式供用户选择；最佳应用于各类型工业监控系统，例如：HVAC、印刷机、曝光机、生产线监控等。

图 7 - 24　DOP - B 系列触摸屏

典型的触摸屏生产厂家还有很多，如日本的 HAKKO 公司、中国台湾的 HITECH 等，每个公司的产品都具有自己的特色和应用市场领域。

（二）触摸屏编程案例

用三菱触摸屏设计一个自动售卖机仿真设计界面，使之具备投币 5 元和 10 元、选择购买物品、出货、退币、取消购买等功能，如图 7 - 25 所示。

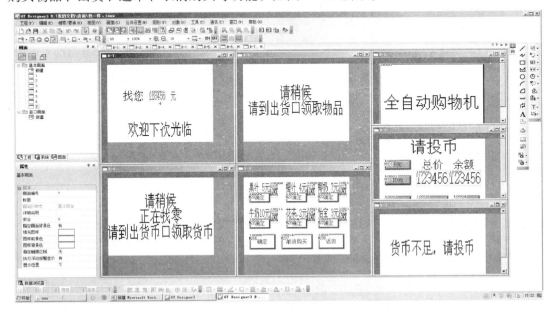

图 7 - 25　自动售货机触摸屏仿真设计界面

1. 仿真界面设计过程

（1）创建新工程，在 GT‑designer3 中点击 新建工程按钮出现如图 7‑26 所示窗口。点击 按钮，进入图 7‑27 工程新建向导，点击 进入图 7‑28 触摸屏机种选择界面选择适用的机种后，点击该界面 进入 PLC 机种选择界面，如图 7‑29 所示。点击该界面 进入通信方式机种选择界面如图 7‑30 所示。选定适用的通信方式机种后点击结束，完成工程创建向导如图 7‑31 所示。出现图 7‑32 所示工程编辑窗口界面。

图 7‑26　新建窗口

图 7‑27　工程创建向导

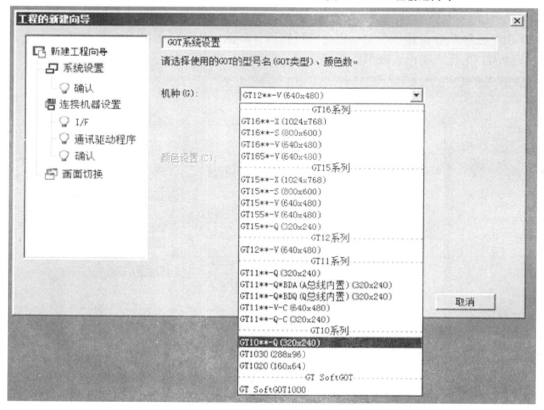

图 7‑28　触摸屏机种选择界面

115

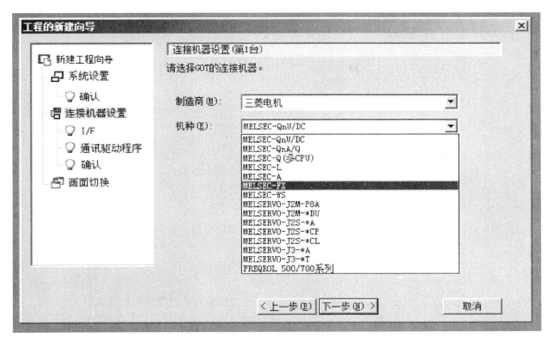

图 7 – 29　PLC 机种选择界面

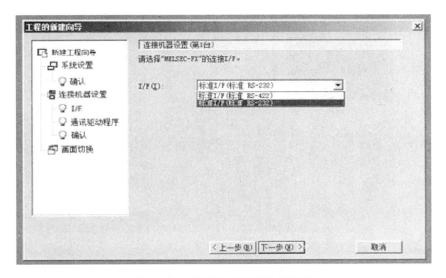

图 7 – 30　通信方式机种选择界面

（2）创建该工程的多个工作画面。在图 7 – 32 所示的工程编辑界面，点击该界面工具栏的 ⬚ 创建多个画面，进入画面的属性界面如图 7 – 33 所示，点击 确定 完成创建。同样方法完成 7 个画面的设计，点击图 7 – 34 中 垂直并排 (R) 按钮将所有画面排列如图 7 – 35 所示。

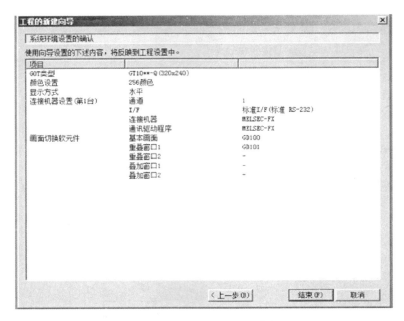

图 7 - 31　工程创建向导结束界面

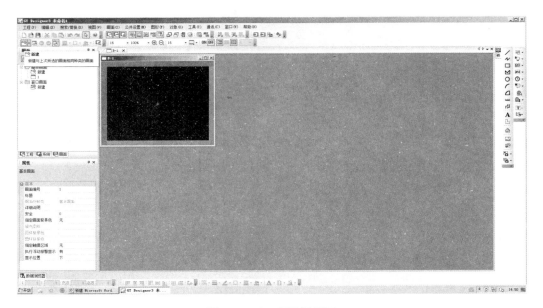

图 7 - 32　工程编辑界面

图 7 – 33　新建的属性界面

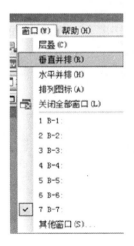

图 7 – 34　窗口排列界面

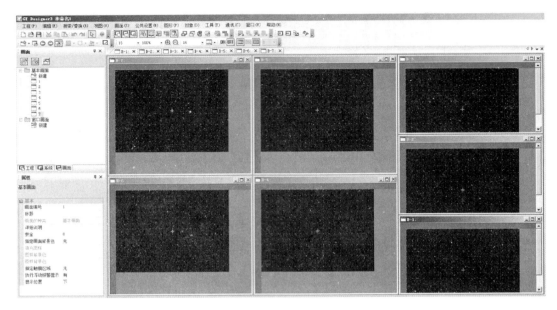

图 7 - 35　画面排列图

（3）创建按钮。点击 ▣▾ 按钮，框选窗口 B－7 中的区域创建全画面按钮，如图 7－36所示，也可以根据工程需要创建适当大小的全画面按钮。双击创建的按钮区域进入按钮属性界面如图 7－37 所示。按图输入文字"全自动购物机"并选择按钮样式子页面如图 7－38 所示，完成按钮颜色的设计如图 7－39 所示。设置按钮动作，点击该按钮后进行画面切换，进入下一个界面，如图 7－40 所示。点击图 7－40 中 画面切换(N)... 按钮，点击该按钮后切换至下一个画面进行设置，如图 7－41 所示。

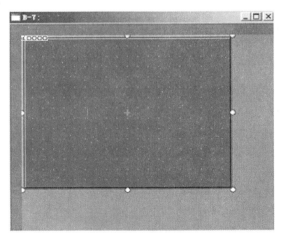

图 7 - 36　创建全画面按钮

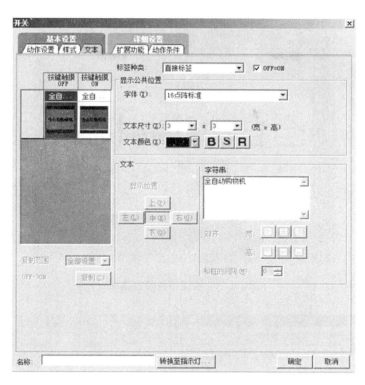

图 7 - 37 按钮属性界面

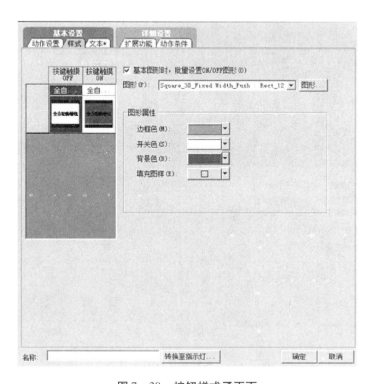

图 7 - 38 按钮样式子页面

120

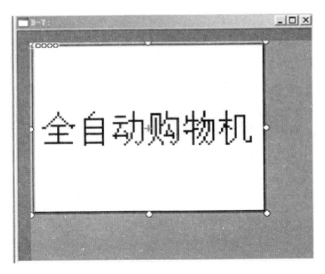

图 7-39　按钮颜色预览画面

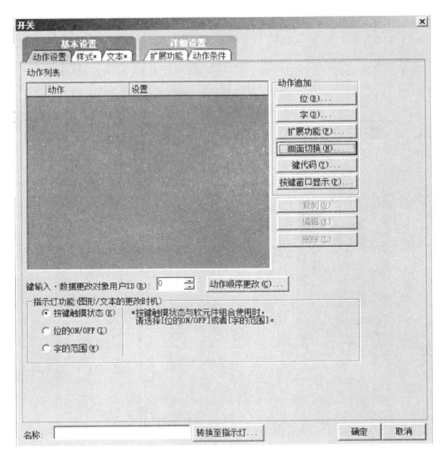

图 7-40　按钮动作设置子页面

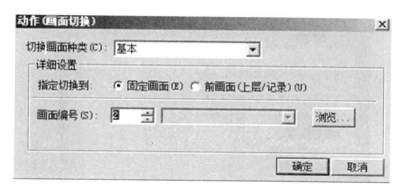

图7-41　画面切换动作设置

（4）设计文本。点击图7-40所示界面中的 文本· 按钮，框选目标画面中的区域后输入如图7-42所示的文本信息。在该界面中对文字的大小、颜色以及背景颜色等信息进行具体设置。按照前面设置按钮的方法，创建5个按钮，分别是投币"5元""10元""确定""取消购买""返回"。同时创建2个文本，即"总价"和"余额"，如图7-43所示。创建"5元"按钮的位信息，使之的接通状态与M101对应，建立与PLC梯形图的关系，如图7-44所示，点击"5元"按钮的动作设置子页面，选择 位(B)… 按钮，进行位开关动作设置和位开关关联设置，如图7-45、图7-46所示。

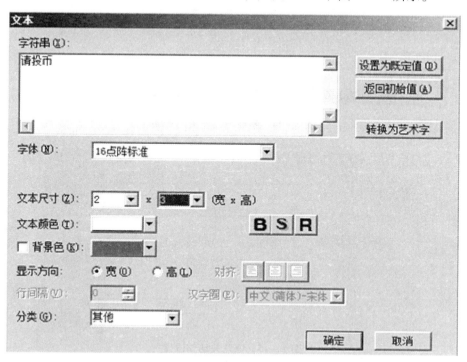

图7-42　文本信息设置界面

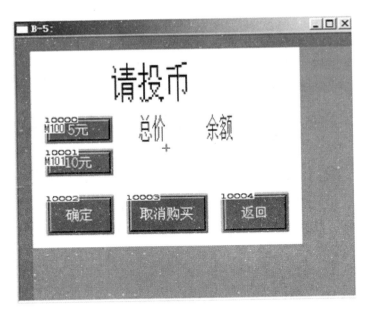

图 7 - 43　总价和余额文本创建界面

图 7 - 44　按钮与位开关的关联

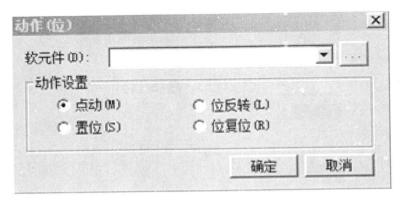

图 7 - 45　位开关动作设置

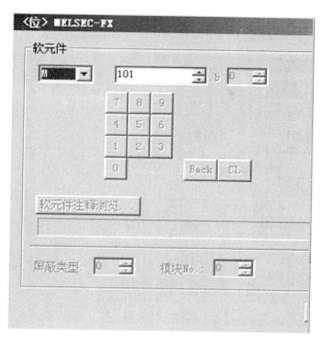

图 7 - 46　位开关关联设置

（5）创建数值显示。点击界面中的 123▾ 按钮，创建 123 数值显示(N) ，这里只允许显示数值而不能修改数值。框选画面中的制定位置 12456，双击数值显示区域，设置数值显示的范围、颜色等属性，如图 7 - 47 所示。点击属性界面中的 软元件(O)： [　　　▾] ... ，弹出关联数值显示与数值寄存器的窗口如图 7 - 48 所示。

数值显示

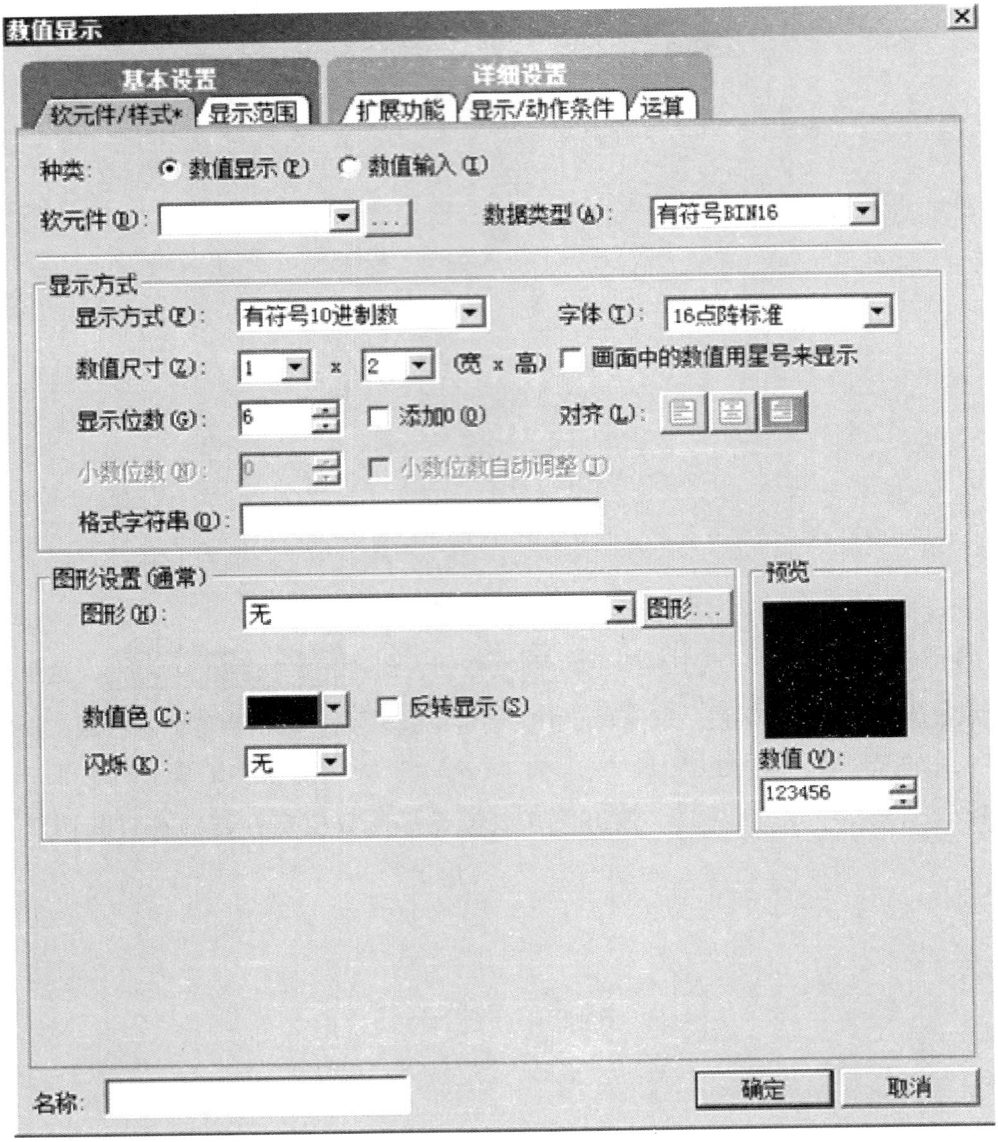

基本设置 | 详细设置

软元件/样式* | 显示范围 | 扩展功能 | 显示/动作条件 | 运算

种类: ● 数值显示(P) ○ 数值输入(I)

软元件(I): [_____] [...]　　数据类型(A): [有符号BIN16 ▾]

显示方式

显示方式(F): [有符号10进制数 ▾]　　字体(T): [16点阵标准 ▾]

数值尺寸(Z): [1 ▾] x [2 ▾] (宽 x 高)　□ 画面中的数值用星号来显示

显示位数(G): [6] [⇕]　□ 添加0(0)　　对齐(L): [▤] [▥] [▦]

小数位数(D): [0] [⇕]　□ 小数位数自动调整(T)

格式字符串(O): [_____]

图形设置(通常)

图形(H): [无 ▾] [图形...]

数值色(C): [██ ▾]　□ 反转显示(S)

闪烁(K): [无 ▾]

预览

数值(V):
[123456] [⇕]

名称: [_____]　　[确定] [取消]

图 7-47　数值显示属性

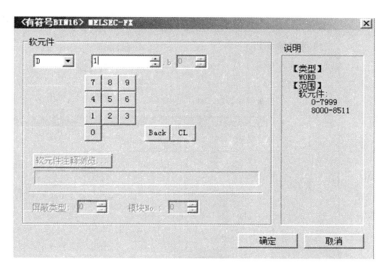

图 7 - 48　数值显示关联与数值寄存器

（6）设置多画面切换。采用数值寄存器存储数值与画面对应的方式切换画面，存储的数值不同则画面自动切换功能也不同。如图 7 - 49 所示，点击特征树系统子栏中的 系统，选择 画面切换/窗口 设置对应的数值寄存器，此处采用 D0，如图 7 - 50 所示。按以上设置方法设计人机界面如图 7 - 51 所示。

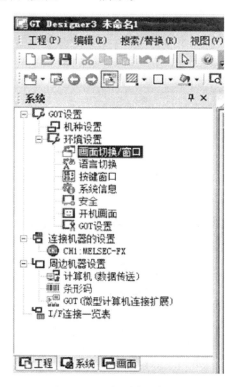

图 7 - 49　特征树系统子栏

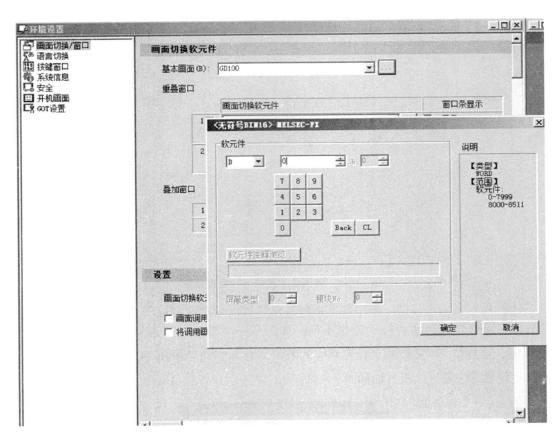

图 7 – 50　画面切换与数值寄存器关联

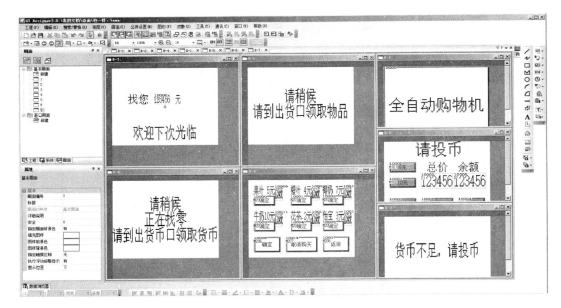

图 7 – 51　人机界面

2. 梯形图

PLC 梯形图设计结果如图 7 – 52 所示。输入做参考，设置人机界面并运行调试。

```
      M8002
 0 ──┤├────────────────────────────────────[SET   S0  ]
                                            [MOV   K1    D0 ]
                                            [ZRST  S20   S100]

13 ──────────────────────────────────────────[STL   S0  ]
             = D1  K0      M100
14 ─┤       ├──┤├────────────────────────────[MOV   K3    D0 ]
                                            [SET   M0  ]
      M101
26 ──┤├───────────────────────────[ADDP   D1   K5    D1 ]
      M102
34 ──┤├───────────────────────────[ADDP   D1   K10   D1 ]
      M0                                         K30
42 ──┤├──────────────────────────────────────(  T0   )
      T0
46 ──┤├───────────────────────────[MOV   K1    D0 ]
                                            [RST   M0  ]
      M100
53 ──┤├────[>  D1  K2 ]───────────[MOV   K4    D0 ]
                                            [MOV   D1    D2 ]
                                            [SET   S20 ]
      M103
71 ──┤├────[>  D1  K2 ]───────────[MOV   D1    D2 ]
                                            [SET   S23 ]

84 ──────────────────────────────────────────[STL   S20 ]
                         M200
85 ─[>=  D2  K5 ]──┤↑↑├────────────[SUBP   D2   K5    D2 ]
                                            [INC   D20 ]
                         M200
                   ┤/├─┤↑↑├────────────────[SET   S30 ]
```

图 7 – 52　自动售货机仿真人机界面 PLC 程序梯形图（a）

128

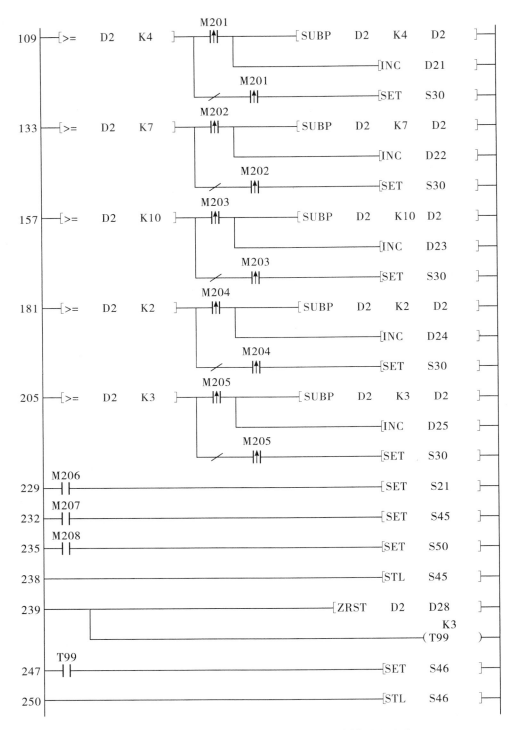

图 7-52　自动售货机仿真人机界面 PLC 程序梯形图（b）

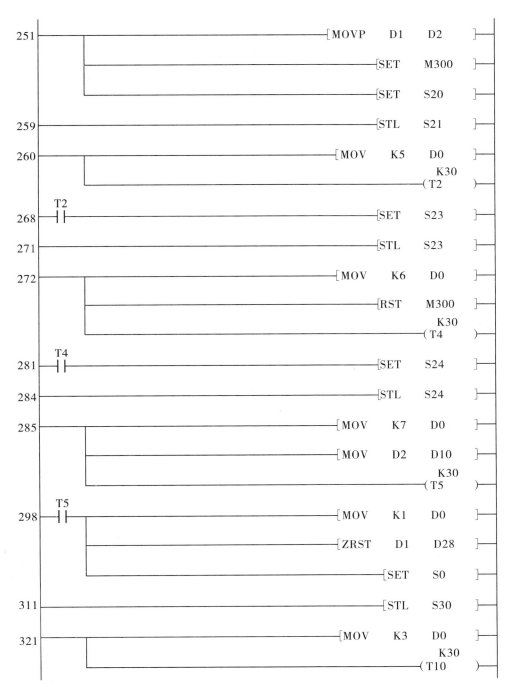

图 7 - 52 自动售货机仿真人机界面 PLC 程序梯形图 （c）

130

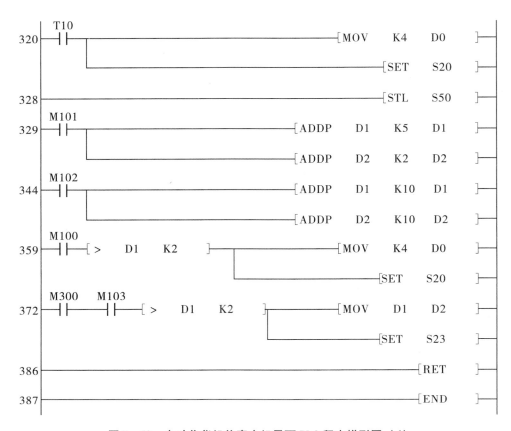

图 7-52　自动售货机仿真人机界面 PLC 程序梯形图 （d）

五、项目实施

1. I/O 地址分配（见表 7-6）

表 7-6　I/O 分配表

输入地址		输出地址	
S1	X0	左行	Y0
S2	X1	右行	Y1
S3	X2	上升	Y2
S4	X3	下降	Y3
启动	X4	KM	Y4

2. 硬件接线

工件传送机械手结构如图 7-1 所示，PLC 实验台硬件接线如图 7-53 所示。

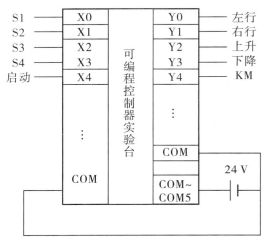

图 7-53　机械手接线示意图

3. 梯形图程序设计

机械手控制梯形图如图 7-54 所示。

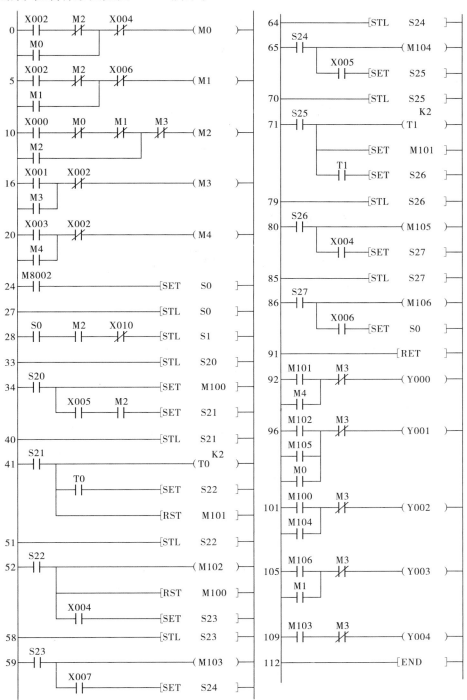

图 7-54 机械手控制梯形图

六、综合练习

装配流水线工作过程如图 7 – 55 所示。

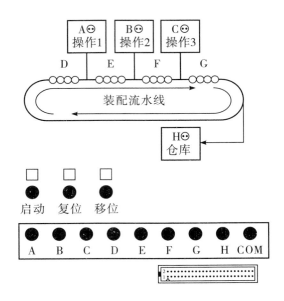

图 7 – 55　装配流水线工作示意图

1．控制要求

装配流水线的控制要求如下：

（1）按下启动按钮，传送带将要装配的工件传到位置 D，然后 A 操作员进行装配。

（2）当 A 装配好以后，按下移位键，工件移位到 E 点，然后 B 操作员进行装配。

（3）当 B 装配好以后，按下移位键，工件移位到 G 点完成流水作业转入仓库。

（4）当一个工件组装好以后系统自动开始下一轮装配。

2．I/O 地址分配

请画出梯形图。

表 7 – 7　I/O 分配表

输入地址		输出地址	
启动	X2	A	Y0
复位	X1	B	Y1
位移	X0	C	Y2
		D	Y3
		E	Y4
		F	Y5
		G	Y6
		H	Y7

移位	X0		Y0	A
复位	X1	可编程控制器实验台	Y1	B
启动	X2		Y2	C
			Y3	D
			Y4	E
			Y5	F
			Y6	G
			Y7	H

图 7 – 56　装配流水线接线示意图

项目八　四则运算

一、教学目标

1. 基本知识

（1）掌握四则运算指令使用方法。

（2）掌握数值寄存器和地址寄存器的原理和种类。

2. 技能

（1）会根据要求完成四则运算的程序编制。

（3）对四则运算结果进行处理。

二、项目要求

某控制程序中要进行以下算式的运算：

$$Y = 2(60 + X)/29 - 3$$

式中：X 为输入端口 K2X000 位元件组合。运算结果 Y 需要送输出口 K2Y000；用起停开关 X10 控制输出结果。可用 PLC 可编程逻辑控制器来实现上述运算式的功能。

三、相关知识

1. 字元件

字元件是 FX 2N 系列 PLC 数据类组件的基本结构，1 个字元件是由 16 位的存储单元构成，0 ~ 14 位为数值位，最高位（第 15 位）为符号位。双字元件即可以使用两个字元件组成双字元件，以组成 32 位数据操作数。双字元件是由相邻的寄存器组成。字元件组成如图 8 - 1 所示。

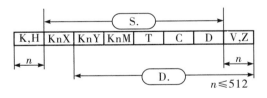

图 8 - 1　字元件组成

2. 数据寄存器 D

作用：用于存储数值类数据的软元件。其数值可通过应用指令、数据存储单元（显示器）及编程装置读出、写入。

特点：16 位寄存器（最高位为符号位，可处理数据范围为 - 32 768 ~ + 32 767），如将两个相邻数据寄存器组合起来，可存储 32 位（最高位为符号位，可处理数据范围为 - 2 147 483 648 ~ + 2 147 483 647）的数值数据。

（1）通用数据寄存器：D0 ~ D199（共 200 点），PLC 从 RUN 状态进入 STOP 状态，

134

所有通用寄存器值为 0，但 M8033 为 ON 时，数据不变。

（2）断电保持数据寄存器：D200 ~ D511（共 312 点），通过参数设置可变为通用寄存器。

特点：除非向断点保持数据寄存器中写入新的数据，否则其内容不会变化。如果采用并联通信功能时，当主站→从站，则 D490 ~ D499 被作为通信占用；当从站→主站，则 D500 ~ D509 被通信占用。可通过外围设备设定，实现通用←→断电保持或断电保持←→通用的调整。

（3）断电保持专用寄存器：D512 ~ D7999（7 488 点）。

（4）文件寄存器：D1000 ~ D7999（7 000 点），通过参数设定，将该部分数据寄存器分为 500 点为一组的文件寄存器，用来存储大量数据。

特点：文件寄存器是一类专用数据寄存器，具有掉电保持功能，用于存储大量的数据，如采集数据等。其数值由 CPU 的监视软件来决定，但可通过扩充存储卡的方法加以扩充。用编程器可进行写入操作。占用用户程序存储器内的一个存储区，以 500 点为一个单位，最多可在参数设置时设置 2 000 点。在 PLC 运行时，用数据块传送指令（BMOV）可将文件寄存器中的数据读入通用寄存器中，但不能用指令将数据写入文件寄存器。

（5）特殊数据寄存器：（D8000 ~ D8255，共 256 点），作用是供监控 PLC 中各元件的运行方式用。在 PLC 电源接通时，利用系统只读存储器在通电时写入初始值。要改变时可利用传送指令（MOV）写入。需要注意的是，未定义的特殊数据寄存器不要使用。

D8000：WDT 定时器定时参数（初始值为 200 ms）。

D8001：CPU 型号。

D8020：X0 ~ X7 输入滤波时间（初始值为 10 ms）。

D8030：1 号模拟电位器的数值。

D8031：2 号模拟电位器的数值。

D8039：恒定扫描时间（ms）。

3. 位组件组合 KnX0、KnY0、KnM0、KnS0

只具有 ON 或 OFF 两种状态，用 1 个二进制位就能表达的组件，称为位组件，如 X、Y、M、S 等均为位组件。PLC 专门设置了将位组件组合成位组件组合的方法，将多个位组件按 4 位一组的原则来组合，组合方法的助记符是：Kn + 最低位位组件号。比如 K2M0 里 K2 就表示是 2 个 4 位的组合，即有 8 位，这 8 位的起始元件号是 M0，那么这 8 位组合（K2M0）就是 M7 M6 M5 M4 M3 M2 M1 M0 的组合。M0 ~ M7 这些单个的位元件的值只能为 0 或者 1，把 M7 到 M0 组合起来后就可以用来处理一个 8 位的数据。

位元件组合结果演示如图 8 - 2 所示。

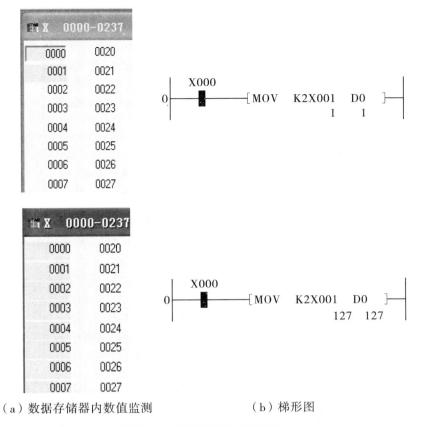

（a）数据存储器内数值监测 （b）梯形图

图 8 - 2 位元件组合结果演示

4. 变址寄存器

PLC 变址寄存器分 V（16 位字元件）和 Z（16 位字元件）两种，可像其他数据寄存器一样进行数据的读写，进行 32 位使用，指定 Z 为低位，V 为高位。FX 2N 共有 V0 ~ V7，Z0 ~ Z7，共 8 对变址寄存器，常用来修改软元件的地址号；对功能指令中其他操作数可用其复合变址，可使复杂的程序简单化。因为 V0 为 2，2 + V0 为 4，所以 D2V0 为 D4。

变址寄存器 V 演示和变址寄存器 2 分别如图 8 - 3、图 8 - 4 所示。

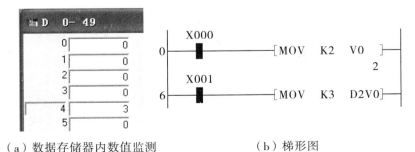

（a）数据存储器内数值监测 （b）梯形图

图 8 - 3 变址寄存器 V 演示

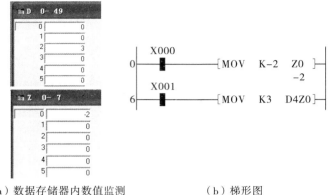

（a）数据存储器内数值监测　　　　　（b）梯形图

图8-4　变址寄存器Z演示

5. 加法指令 ADD

加法指令 ADD 梯形图格式如图8-5所示。

图8-5　加法指令梯形图格式

ADD 指令是将两个源操作数 S1. 与 S2. 内容进行二进制加法后传送到目标操作数 D. 中。源操作数 S1. 与 S2. 可取所有的数据类型，即 K、H、KnX、KnY、KnM、KnS、T、C、D、V、Z，其目标操作数 D. 可取的数据类型为 KnY、KnM、KnS、T、C、D、V、Z。各数据的最高位是表示正（0）、负（1）的符号位，这些数据以代数形式进行加法运算。运算结果为零时，零标志 M8020 为 ON；运算结果为负时，借位标志 M8021 为 ON；运算结果溢出时，进位标志 M8022 为 ON；

6. 减法指令 SUB

减法指令梯形图格式如图8-6所示，加减法演示如图8-7所示。

图8-6　减法指令梯形图格式

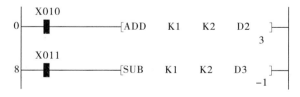

图8-7　ADD、SUB指令演示

7. 乘法指令 MUL

乘法指令梯形图格式如图8-8所示，乘法指令演示如图8-9。

图 8-8　乘法指令梯形图格式

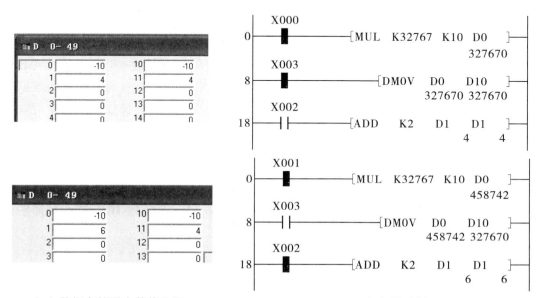

（a）数据存储器内数值监测　　　　　　　　　　　（b）梯形图

图 8-9　MUL 指令演示

MUL 指令是将指定的各源操作数 S1. 与 S2. 的内容数据相乘，乘积以 32 位数据形式存入目标操作数 D. 和紧接其后 D+1. 中。源操作数 S1. 与 S2. 可取所有的数据类型，即 K、H、KnX、KnY、KnM、KnS、T、C、D、V、Z，其目标操作数 D. 可取的数据类型为 KnY、KnM、KnS、T、C、D。结果的最高位是正（0）、负（1）的符号位。如果 S1. 与 S2. 为 32 位的二进制数，则结果为 64 位，存放在 D+3. ~ D. 中。由图8-9所示可知，乘法指令操作为目标操作数及目标操作数后一位，以及图示 D0、D1 结果分别存储与两个数据寄存器内。

8. 除法指令 DIV

除法指令梯形图格式如图8-10所示，除法指令演示如图8-11所示。

图 8-10　除法指令格式

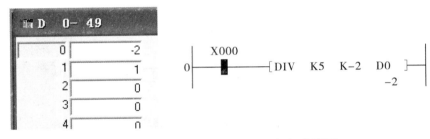

（a）数据存储器内数值监测　　　　　　　（b）梯形图

图 8-11　DIV 指令演示

DIV 指令是将源操作数 (S1.) 与 (S2.) 相除，然后将商存放于目标操作数 (D.) 中，将余数存放于目标操作数 (D+1.) 中。源操作数 (S1.) 与 (S2.) 可取所有的数据类型，即 K、H、KnX、KnY、KnM、KnS、T、C、D、V、Z，其目标操作数 (D.) 可取的数据类型为 KnY、KnM、KnS、T、C、D。

9. 功能指令 MOV、BMOV

MOV 指令是将源操作数 (S.) 传送到指定的目标操作数 (D.) 中。源操作数 (S.) 可取所有的数据类型，即 K、H、KnX、KnY、KnM、KnS、T、C、D、V、Z，其目标操作数 (D.) 可取的数据类型为 KnY、KnM、KnS、T、C、D、V、Z。MOV 指令梯形图格式如图 8-12 所示。

图 8-12　MOV 指令梯形图格式

BMOV 指令是将源操作数组 (S.) (S+1.) … (S+n.) 传送到指定的目标操作数组 (D.) (D+1.) … (D+n.) 中。源操作数 (S.) 可取所有的数据类型，即 K、H、KnX、KnY、KnM、KnS、T、C、D、V、Z，其目标操作数 (D.) 可取的数据类型为 KnY、KnM、KnS、T、C、D、V、Z。BMOV 指令梯形图格式如图 8-13 所示。

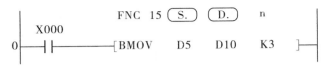

图 8-13　BMOV 指令梯形图格式

功能指令的第一段即为操作码部分，表达了该指令做什么。一般功能指令都是以指定的功能号来表示。功能指令的第一段之后都为操作数部分，表达了参加指令操作的操作数在哪里。操作数部分依次由"源操作数"（源）"目标操作数"（目）和"数据个数"3 部分组成。有些功能指令需要操作数，也有些功能指令不需要操作数，有些功能指令还要求多个操作数。但是，无论操作数有多少，其排列次序总是："源"在前，"目标"在后，数据个数在最后。

四、项目实施

某控制程序中要进行以下算式的运算：

$$Y = 2(60 + X)/29 - 3$$

式中，X 为输入端口 K2X000 位元件组合。运算结果 Y 需要送输出口 K2Y000；用起停开关 X10 控制输出结果。请用 PLC 来实现上述运算式的功能。

1. I/O 分配

本项目 I/O 分配表见表 8 - 1。

表 8 - 1　I/O 分配表

输入地址		输出地址	
X 值输入	X0	Y 值输出	Y0
X 值输入	X1	Y 值输出	Y1
X 值输入	X2	Y 值输出	Y2
X 值输入	X3	Y 值输出	Y3
X 值输入	X4	Y 值输出	Y4
X 值输入	X5	Y 值输出	Y5
X 值输入	X6	Y 值输出	Y6
X 值输入	X7	Y 值输出	Y7
启动	X10	—	—

2. 程序编制

根据公式 $Y = 2(60 + X)/29 - 3$ 及四则运算的知识，可以看出逻辑运算的顺序为：加、乘、除和减。其梯形图如图 8 - 14 所示。

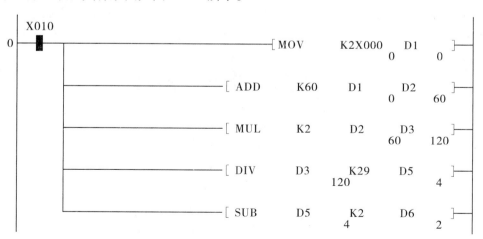

图 8 - 14　四则运算指令梯形图

3. 结果分析

数据存储器内数值监测如图 8 - 15 所示，其结果分析见表 8 - 2。

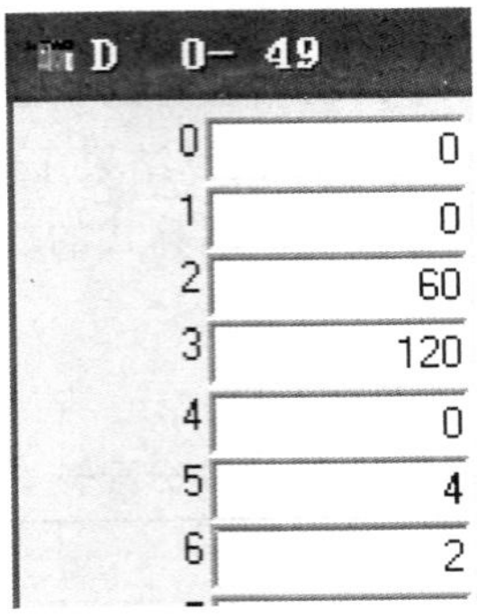

D	0 - 49
0	0
1	0
2	60
3	120
4	0
5	4
6	2

图 8 - 15　数据存储器内数值监测

表 8 - 2　结果分析表

指　令	用　　途
K2X0	X 值输入
D1	存储输入 X 值
D2	存储 $60 + X$ 的值
D3	存储 $2(60 + X)$ 的值的低 16 位
D4	存储 $2(60 + X)$ 的值的高 16 位
D5	存储 $2(60 + X)/29$ 的整数值
D6	存储 $2(60 + X)/29$ 的余数值

4. 变换 X 值结果观察

输入的 X 值监测如图 8 - 16 所示，其二进制数值为 01 011 111，十进制数值为 95。程序最终输出结果梯形图如图 8 - 17 所示，K2Y0 为 8，其二进制值为 00 001 000，故如图 Y3 为 ON，其他为 OFF。

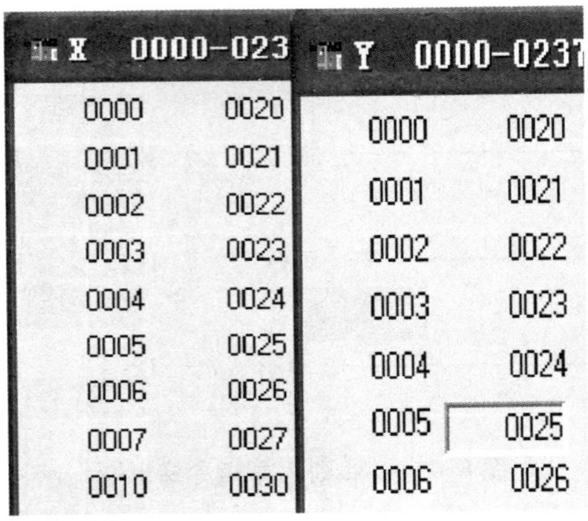

X 0000-023		Y 0000-0237	
0000	0020	0000	0020
0001	0021	0001	0021
0002	0022	0002	0022
0003	0023	0003	0023
0004	0024	0004	0024
0005	0025	0005	0025
0006	0026	0006	0026
0007	0027		
0010	0030		

图 8 - 16　变更 X 值和结果 Y 的值监测

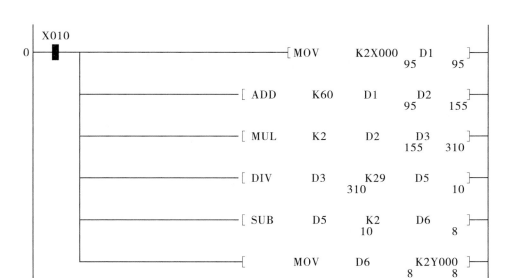

图 8 - 17 $X = 95$ 的输出结果梯形图

五、综合练习

积算函数 $Z = 3X (X + Y) / (Y - 30)$ 的余数的 3 倍,函数中 X 为 K2X0,Y 为 K2X10,自定义数据寄存器,结果输出值 K2Y0。其 I/O 分配见表 8 - 3。请观察数据存储器内 Z 值并对其结果进行分析,然后画出梯形图。

表 8 - 3 I/O 分配表

输入 X 地址		输入 Y 地址		输出地址
X 值输入	X0	Y 值输入	X10	D0
X 值输入	X1	Y 值输入	X11	D1
X 值输入	X2	Y 值输入	X12	D2
X 值输入	X3	Y 值输入	X13	D3
X 值输入	X4	Y 值输入	X14	D4
X 值输入	X5	Y 值输入	X15	D5
X 值输入	X6	Y 值输入	X16	D6
X 值输入	X7	Y 值输入	X17	D7
启动	X10	—	—	—

项目九 电梯控制

一、教学目标

1. 基本知识
（1）掌握比较指令的使用方法。
（2）掌握数值寄存器和地址寄存器的原理和种类。
2. 技能
（1）会根据要求完成比较指令梯形图的编制。
（3）对电梯类控制系统进行设计和优化。

二、项目要求

某建筑物电梯有 5 层，电梯往返于楼层之间，如图 9 - 1 所示。每个楼层设有一个到位开关 SQ 和一个呼叫按钮 SB。具体控制要求如下：

（1）电梯开始应能准确停留在 5 个楼层中任意一个楼层到位开关 SQ 的位置上。

（2）设电梯停在 a 层处即 SQ_a 闭合，b 层有人呼叫（SB_b 为 ON），若：

①$a > b$，电梯下行，直至 SQ_b 动作，电梯停止。

②$a < b$，电梯上行，直至 SQ_b 动作，电梯停止。通过比较呼叫楼层与电梯停靠楼层的值，确定电梯上行还是下行。

③$a = b$，电梯原位不动。

（3）规定电梯在运行过程中不能被呼叫，只有电梯停止时才能呼叫。

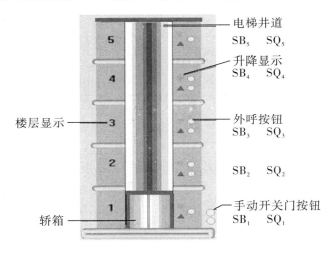

图 9 - 1 电梯结构示意图

三、相关知识

1. CMP 指令

CMP 指令梯形图格式如图 9 - 2 所示。

图 9 - 2　CMP 指令梯形图格式

CMP 指令是将源操作数 (S1.) 和 (S2.) 的数据进行比较，结果送到目标操作数元件 (D.) 中，如图 9 - 2 所示。两待比较的源操作数 (S.) 数据类型均为 K、H、KnX、KnY、KnM、KnS、T、C、D、V、Z，其目标操作数 (D.) 的数据类型均为 Y、M、S。CMP 指令梯形图及说明如图 9 - 3 所示。

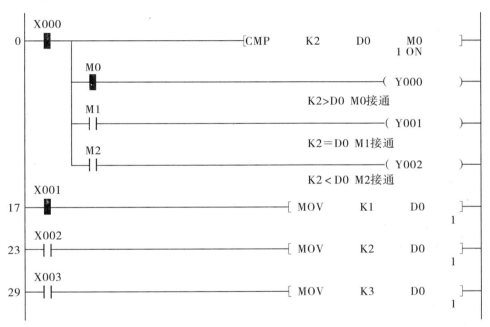

图 9 - 3　CMP 指令梯形图及说明

逻辑电路断开后，比较结果会保持在相应的结果中不变，如图 9 - 4 所示。图中 X0 断开，比较 CMP 指令结束，但是由于之前进行过比较，所以 M0 仍然处于接通状态。因此，如要了解或者更改输出结果，只能通过 RST 指令或者重新逻辑接通运行新的比较结果，其梯形图如图 9 - 5 所示。

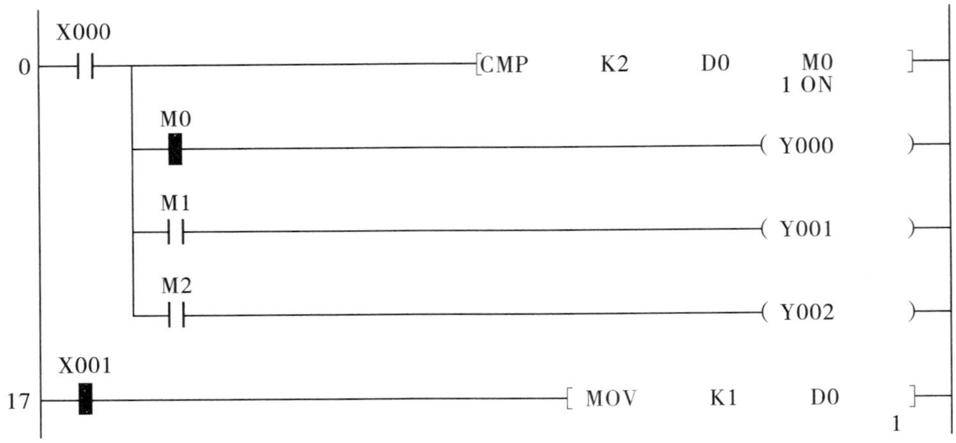

144

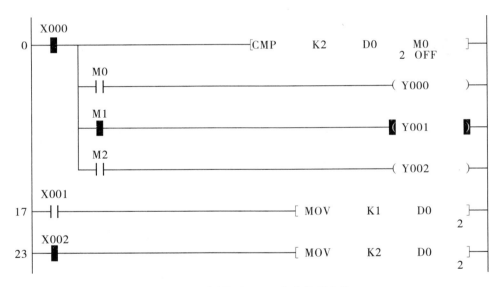

图 9 - 4 逻辑断开，比较结果不变的梯形图

图 9 - 5 重新运行 CMP 指令结果变化

2. ZCP 指令

ZCP 指令也称区间比较指令，是将一个源操作数 (S.) 的数值与另两个源操作数 (S1.) 和 (S2.) 的数据进行比较，结果送到目标操作元件 (D.) 中，源数据 (S1.) 不能大于 (S2.)。两待比较的源操作数 (S.) 的数据类型均为 K、H、KnX、KnY、KnM、KnS、T、C、D、V、Z，其目标操作数 (D.) 数据类型均为 Y、M、S。当 D0 处于 [K1，K2] 内时，M1 接通；当 [K1，K2] 大于 D0 时，M0 接通；当 [K1，K2] 小于 D0 时，M2 接通。ZCP 指令梯形图格式如图 9 - 6 所示。

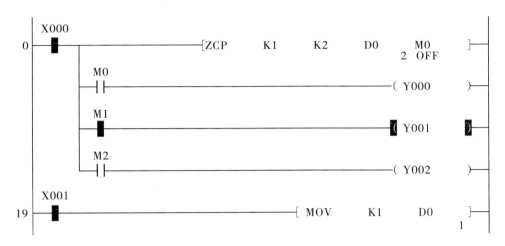

图 9 - 6　ZCP 指令梯形图格式

图 9 - 7　ZCP 指令梯形图

3. 触点比较指令

（1）连接母线触点比较（LD = ，LD > ，LD < ，LD < > ，LD ≤ ，LD ≥）功能如图
9 - 8所示，运动结果如下：

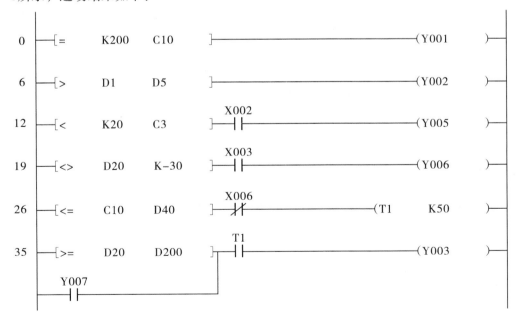

图 9 - 8　触点比较指令梯形图

① 当 K200 等于 C10 的当前值时，Y1 得电。

② 当 D1 的值大于 D5 的值时，Y2 得电。

③ 当 K20 小于 C3 的当前值，且 X2 闭合时，Y5 得电。

④ 当 D20 的值不等于 CK - 30，且 X3 闭合时，Y6 得电。

⑤ 当 C10 的当前值小于等于 D40，且 X6 闭合时，驱动 T1。

⑥ 当 D20 的值大于或等于 D200 的值，或 X7 闭合，而且 T1 的常开闭合时，Y2 得电。

（2）串联触点型比较（AND = , AND > , AND < , AND < > , AND ≤ , AND ≥）功能如图 9 - 9 所示，运行结果如下：

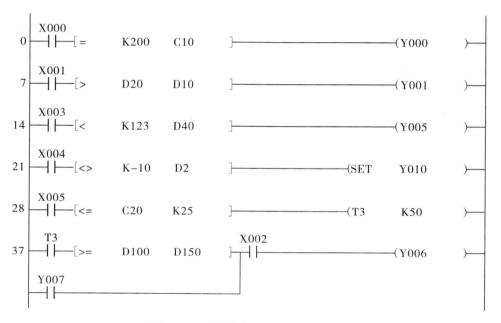

图 9 - 9　串联触点型比较指令梯形图

① 当 X000 接通，且 K200 等于 C10 的当前值，则 Y0 得电。

② 当 X001 接通，且 D20 的值大于 D10 的值，则 Y1 得电。

③ 当 X003 接通，且 K123 小于 D40 的值，则 Y5 得电。

④ 当 X004 接通，且 K 的值减去 10 不等于 D2 的值，则令 Y10 置 1。

⑤ 当 X005 接通，且 C20 的当前值不大于 K25，则驱动 T3。

⑥ 当 T3 的常开接通，且 D100 的值不小于 D150 的值，或 X7 接通，且 X2 接通，则 Y6 得电。

（3）并联触点型比较（OR = , OR > , OR < , OR < > , OR ≤ , OR ≥）功能如图 9 - 10 所示，运行结果如下：

① 当 X0 接通，或 K200 等于 C10 的当前值，则 Y0 得电。

② 当 X1 接通，且 X2 接通，或 D20 的值大于 K1000，则 Y1 得电。

③ 当 X3 接通，或 K234 小于 D30 的值，则驱动 T1。

④ 当 T1 接通，或 D20 的值不等于 D40 的值，则驱动 T2。

⑤ 当 T2 接通，且 X4 接通，或 K50 小于等于 D50 的值，则 Y2 得电。

⑥ 当 X5 接通，或 D70 的值大于等于 K300，则 Y5 得电。

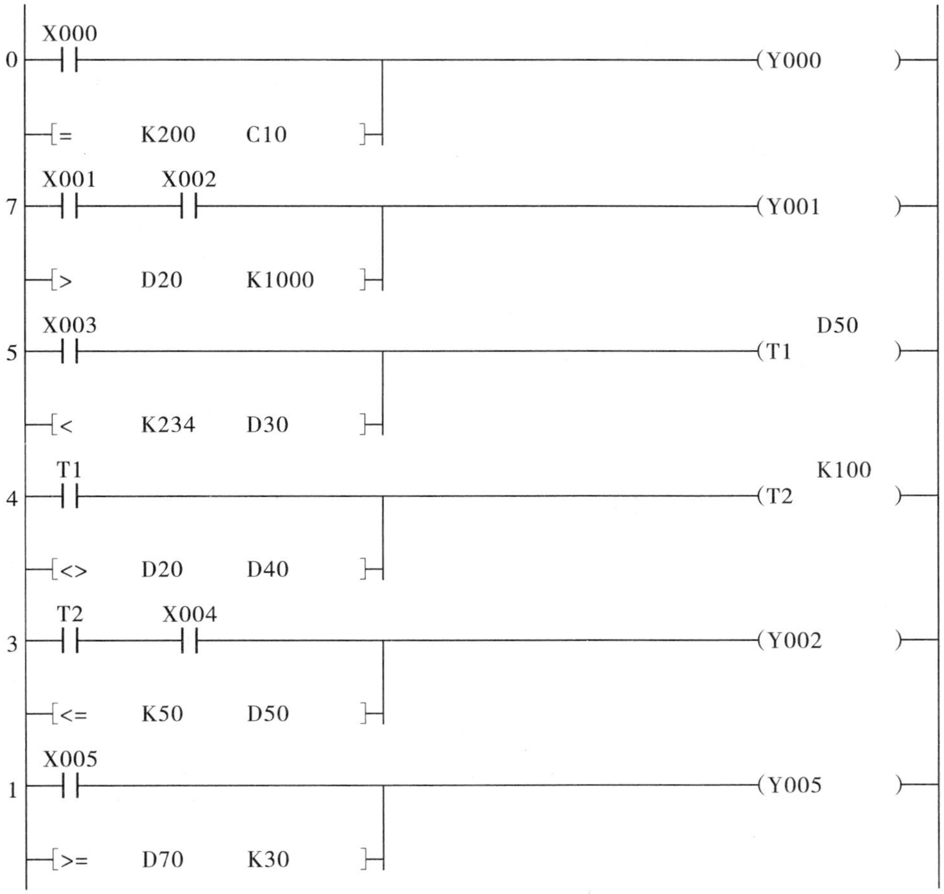

图 9 - 10　并联触点型比较指令梯形图

四、变频器

变频器是应用变频技术与微电子技术，通过改变电动机工作电源频率的方式来控制交流电动机的电力控制设备。变频器主要由整流（交流变直流）、滤波、逆变（直流变交流）、制动单元、驱动单元、检测单元微处理单元等组成。变频器靠内部 IGBT（绝缘栅双极型晶体管）的开断来调整输出电源的电压和频率，根据电动机的实际需要来提供其所需要的电源电压，进而达到节能、调速的目的。另外，变频器还有很多的保护功能，如过流、过压、过载保护等。

在本项目的电梯控制系统中选用了三菱 FR - E700 系列变频器中的 FR - E740 - 1.5K - CHT 型变频器，该变频器额定电压等级为三相 400 V，适用电动机容量 0.75 kW 及以下的电动机。其外观和型号如图 9 - 11 所示。

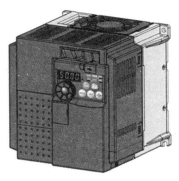

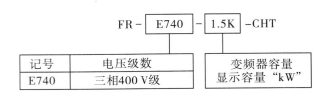

记号	电压级数
E740	三相400 V级

（a）FR-E700变频器外观　　　　　　（b）变频器型号及其定义

图9-11　FR-E700系列变频器

　　FR-E700系列变频器是FR-E500系列变频器的升级产品，是一种小型、高性能变频器。使用通用变频器所必需的基本知识和技能，着重于变频器的接线、操作和常用参数的设置等方面。下面将从这几个方面介绍变频器：

（一）　变频器的接线知识

　　FR-E740系列变频器的实物接线如图9-12，其主电路的通用接线如图9-13所示，有关说明如下：

　　① 端子P1、P/＋之间连接直流电抗器，无需连接时，两端子间短路。

　　② P/＋与PR之间连接制动电阻器，P/＋与N/－之间连接制动单元选件。

　　③ 电磁接触器（MC）用作变频器安全保护的目的，注意不要通过此交流接触器来启动或停止变频器，否则可能降低变频器寿命。在本系统中，没有使用这个交流接触器。

　　④ 进行主电路接线时，应确保输入、输出端不能接错，即电源线必须连接至R/L_1、S/L_2、T/L_3，绝对不能接U、V、W，否则会损坏变频器。

　　FR-E740系列变频器控制电路的接线端子分布如图9-14所示。控制电路端子分为频率设定（模拟量输入）、继电器输出（异常输出）、集电极开路输出（状态检测）和模拟电压输出等5部分区域，各端子的功能可通过调整相关参数的值进行变更。在出厂初始值的情况下，各控制电路端子的功能说明见表9-1、表9-2。

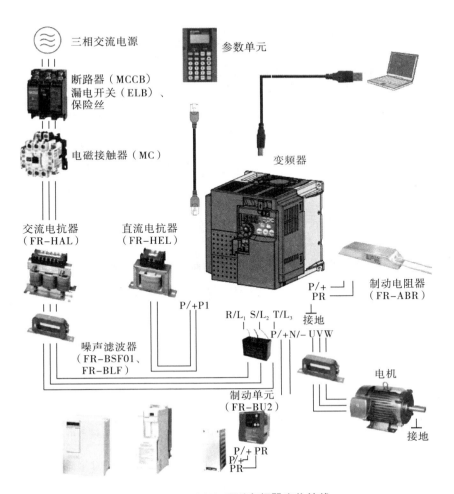

图 9 - 12　FR - E740 系列变频器实物接线

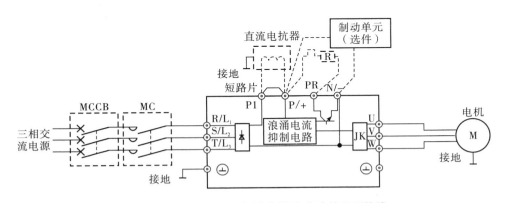

图 9 - 13　FR - E740 系列变频器主电路的通用接线

150

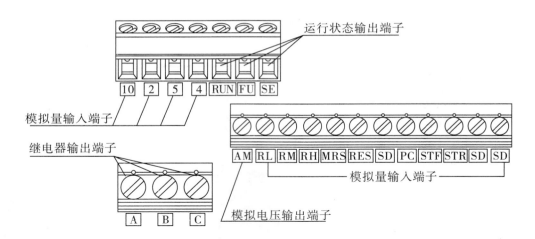

图 9 – 14　FR – E740 变频器控制端子分布图

表 9 – 1　控制电路输入端子的功能说明

种类	端子编号	端子名称	端子功能说明	
接入点输入	STF	正转启动	STF 信号 ON 时为正转、OFF 时为停止指令	STF、STR 信号同时 ON 时变成停止指令
	STR	正转启动	STR 信号 ON 时为反转、OFF 时为停止指令	
	RH、RM、RL	多段速度选择	用 RH、RM 和 RL 信号的组合可以选择多段速度	
	MRS	输出停止	MRS 信号 ON（20 ms 或以上）时，变频器输出停止。用电磁制动器停止电动机时用于断开变频器的输出	
	RES	复位	用于解除保护电路动作时的报警输出。请使 RES 信号处于 ON 状态 0.1 s 或以上，然后断开，初始设定为始终可进行复位。但进行了参数 Pr.75 的设定后，仅在变频器报警发生时进行复位，复位时间约为 1 s	
	SD	接点输入公共端（漏型）(初始设定)	接点输入端子（漏型逻辑）的公共端子	
		外部晶体管公共端（源型）	源型逻辑是当连接晶体管输出（即集电极开路输出），例如可编程控制器（PLC）时，将晶体管输出用的外部电源公共端接到该端子，可以防止因漏电引起的误动作	
		DC 24 V 电源公共端	DC 24 V 0.1 A 电源（端子 PC）的公共输出端子，与端子 5 及端子 SE 绝缘	

续上表

种类	端子编号	端子名称	端子功能说明
接入点输入	PC	外部晶体管公共端（漏型）（初始设定）	漏型逻辑是当连接晶体管输出（即集电极开路输出），例如可编程控制器（PLC）时，将晶体管输出用的外部电源公共端接到该端子，防止漏电引起的误动作
		接点输入公共端（源型）	接点输入端子（源型逻辑）的公共端子
		DC 24 V 电源	可作为 DC 24V 0.1A 的电源使用
频率设定	10	频率设定用电源	作为外接频率设定（速度设定）用电位器时的电源使用（按照参数 Pr. 73 模拟量输入选择）
	2	频率设定（电压）	如果输入 DC 0 ~5 V（或 0 ~10 V），在 5 V（10 V）时为最大输出频率，输入输出成正比，通过参数 Pr. 73 进行 DC 0 ~5 V（初始设定）和 DC 0 ~10 V 输入的切换操作
	4	频率设定（电流）	若输入 DC 4 ~ 20 mA（或 0 ~5 V/0 ~10 V），在 20 mA 时为最大输出频率，输入输出成正比。只有 AU 信号为 ON 时端子 4 的输入信号才会有效（端子 2 的输入将无效），通过参数 Pr. 267 进行 4 ~20 mA（初始设定）和 DC 0 ~5 V、DC 0 ~10 V 输入的切换操作，电压输入（0 ~5 V/0 ~10 V）时，请将电压/电流输入切换开关切换至"V"
	5	频率设定公共端	频率设定信号（端子 2 或 4）及端子 AM 的公共端子，不可接地

表9-2　控制电路接点输出端子的功能说明

种类	端子记号	端子名称	端子功能说明	
继电器	A、B、C	继电器输出（异常输出）	指示变频器因保护功能动作时输出停止的 IC 接点输出。异常时：B—C 间不导通（A—C 间导通），正常时：B—C 间导通（A—C 间不导通）	
集电极开路	RUN	变频器正在运行	变频器输出频率大于或等于启动频率（初始值 0.5 Hz）时为低电平，已停止或正在直流制动时为高电平	
	FU	频率检测	输出频率大于或等于任意设定的检测频率时为低电平，未达到时为高电平	
	SE	集电极开路输出公共端	端子 RUN、FU 的公共端子	
模拟	AM	模拟电压输出	可以从多种监视项目中选一种作为输出。变频器复位中不被输出。输出信号与监视项目的大小成比例	输出项目：输出频率（初始设定）

（二）　FR - E700 系列的操作面板

使用变频器之前，首先要熟悉它的面板显示和键盘操作单元（或称控制单元），并且按使用现场的要求合理设置参数。FR - E700 系列变频器的参数设置，通常利用固定在其上的操作面板（不能拆下）实现，也可以使用连接到变频器 PU 接口的参数单元（FR - PU07）实现。使用操作面板可以进行运行方式、频率的设定，运行指令监视，参数设定、错误表示等。

FR - E700 系列的操作面板如图9-15 所示，其上半部为面板显示器，下半部为 M 旋钮和各种按键。它们的具体功能分别如下：

（1）M 旋钮（三菱变频器旋钮）。旋动该旋钮用于变更频率设定、参数的设定值。按下该旋钮可显示以下内容：监视模式时的设定频率；校正时的当前设定值；报警历史模式时的顺序。

（2）模式切换键，用于切换各设定模式。和运行模式切换键同时按下也可以用来切换运行模式。长按此键（2s）可以锁定操作。

（3）设定确认键，即各设定的确认。

（4）运行模式切换键，用于切换 PU（内部运行模式）/外部运行模式。使用外部运行模式（通过另接的频率设定电位器和启动信号启动的运行）时按此键，使表示运行模式的 EXT（外部运行模式）处于亮灯状态。切换至组合模式时，可同时按 MODE 键 0.5 s，或者变更参数 Pr.79。

（5）启动指令键。在 PU 模式下，按此键启动运行。通过参数 Pr.40 的设定，可以选择旋转方向。

（6）停止运行键。在 PU 模式下，按此键停止运转。保护功能（严重故障）生效时，也可以进行报警复位。

运行状态显示见表 9 - 3。

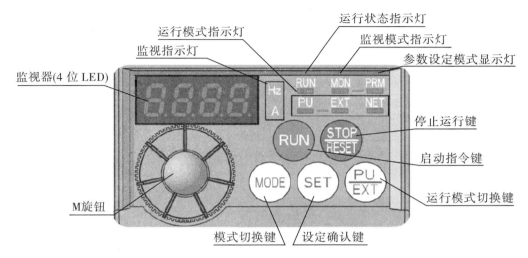

图 9 - 15 FR - E700 的操作面板

表 9 - 3 运行状态显示

显 示	功 能
运行模式显示灯	PU：PU 运行模式时亮灯；EXT：外部运行模式时亮灯；NET：网络运行模式时亮灯
监视器（4 位 LED）	显示频率、参数编号等
监视指示灯	Hz：显示频率时亮灯；A：显示电流时亮灯（显示电压时熄灯，显示设定频率监视时闪烁）
运行状态指示灯	当变频器动作中亮灯或者闪烁，其中：亮灯——正转运行中；缓慢闪烁（1.4 s 循环）——反转运行中。下列情况下出现快速闪烁（0.2 s 循环）：① 按键或输入启动指令都无法运行时；② 有启动指令，但频率指令在启动频率以下时；③ 输入了 MRS 信号时
参数设定模式显示灯	参数设定模式时亮灯
监视模式指示灯	监视模式时亮灯

（三） 变频器的运行模式

由上述内容可见，在变频器不同的运行模式下，各种按键和 M 旋钮的功能各异。运行模式是指对输入到变频器的启动指令和设定频率的命令来源的指定。

一般来说，使用控制电路端子、在外部设置电位器和开关来进行操作的是"外部运行模式（EXT 运行模式）"，使用操作面板或参数单元输入启动指令、设定频率的是"PU

运行模式",通过 PU 接口进行 RS - 485 通信或使用通信软件的是"网络运行模式（NET 运行模式）"。在进行变频器操作以前，必须了解其各种运行模式，才能进行各项操作。

FR - E700 系列变频器通过参数 Pr. 79 的值来指定变频器的运行模式，设定值范围为 0，1，2，3，4，6，7。这 7 种运行模式的内容见表 9 - 4。

表 9 - 4　运行模式选择（Pr. 79）

设定值	内　　容	
0	外部/PU 切换模式，通过 PU/EXT 键可切换 PU 与外部运行模式 注意：接通电源时为外部运行模式	
1	固定为 PU 运行模式	
2	固定为外部运行模式，可以在外部、网络运行模式间切换运行	
3	外部/PU 组合运行模式 1	
	频率指令	启动指令
	用操作面板设定或用参数单元设定，或外部信号输入［多段速设定，端子 4 - 5 间（AU 信号 ON 时有效）]	外部信号输入（端子 STF、STR）
4	外部/PU 组合运行模式 2	
	频率指令	启动指令
	外部信号输入（端子 2、4、多段速选择等）	通过操作面板的 RUN 键
6	切换模式可以在保持运行状态的同时，进行 PU 运行、外部运行、网络运行的切换	
7	外部运行模式（PU 运行互锁）X12 信号 ON 时，可切换到 PU 运行模式（外部运行中输出停止）；X12 信号 OFF 时，禁止切换到 PU 运行模式	

变频器出厂时，参数 Pr. 79 设定值为 0。当停止运行时用户可以根据实际需要修改其设定值。

修改 Pr. 79 设定值的一种方法是：同时按住 MODE 键和 PU/EXT 键 0.5 s，然后旋动 M 旋钮，选择合适的 Pr. 79 参数值，再用 SET 键确定。图 9 - 16 是把 Pr. 79 设定为 4（组合模式 2）的例子。

如果分拣单元的机械部分已经装配好，在完成主电路接线后，就可以用变频器直接驱动电动机试运行。当参数 Pr. 79 为 4 时，把调速电位器的三个引出端分别连接到变频器的 10、2、5 端子（滑动臂引出端连接端子 2），接通电源后，按启动指令键 RUN，即可启动电动机，旋动调速电位器即可连续调节电动机转速。

在分拣单元的机械部分装配完成后，进行电动机试运行是必要的，这可以检查机械装配的质量，以便进一步调整。

3. 设定参数的操作方法

变频器参数的出厂设定值被设置为完成简单的变速运行。如需按照负载和操作要求

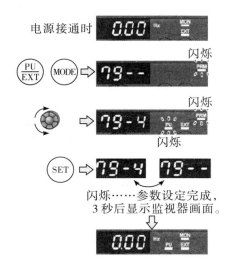

图 9 - 16　修改变频器的运行模式参数示例

设定参数，则应进入参数设定模式，先选定参数号，然后设置其参数值。设定参数分两种情况：一种是停机（STOP）方式下重新设定参数，这时可设定所有参数；另一种是在运行时设定，这时只允许设定部分参数，但是可以核对所有参数号及参数。

（四）　常用参数设置

FR - E700 变频器有几百个参数，实际使用时，只需根据使用现场的要求设定部分参数，其余按出厂设定即可。一些常用参数应该熟悉，例如变频器的运行环境；驱动电动机的规格、运行的限制；参数的初始化；电动机的启动、运行和调速、制动等命令的来源；频率的设置等方面。

图 9 - 17 是参数设定过程的一个例子，所完成的操作是把参数 Pr. 1（上限频率）从出厂设定值 120.0 Hz 变更为 50.0 Hz，假定当前运行模式为外部/PU 切换模式（Pr. 79 = 0）。

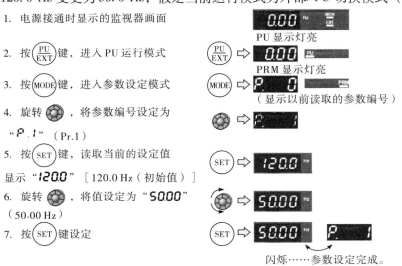

图 9 - 17　变更参数的设定值示例

下面根据分拣单元工艺过程对变频器的要求，介绍一些常用参数的设定。关于参数设定更详细的说明请参阅 FR - E700 使用手册。

1. 输出频率的限制（Pr. 1、Pr. 2、Pr. 18）

为了限制电动机的速度，应对变频器的输出频率加以限制。用 Pr. 1 "上限频率" 和 Pr. 2 "下限频率" 来设定，可将输出频率的上、下限钳位。

当在 120 Hz 以上运行时，用参数 Pr. 18 "高速上限频率" 设定高速输出频率的上限。

Pr. 1 与 Pr. 2 出厂设定范围为 0 ~ 120 Hz，出厂设定值分别为 120 Hz 和 0 Hz。Pr. 18 出厂设定范围为 120 ~ 400Hz。

2. 加减速时间（Pr. 7、Pr. 8、Pr. 20、Pr. 21）

各参数的意义及设定范围见表 9 - 5。

表 9 - 5　加减速时间相关参数的意义及设定范围

参数号	参数意义	出厂设定	设定范围	备　注
Pr. 7	加速时间	5s	0 ~ 3 600/360 s	根据 Pr. 21 加减速时间单位的设定值进行设定。初始值的设定范围为 "0 ~ 3 600 s"，设定单位为 "0. 1 s"
Pr. 8	减速时间	5s	0 ~ 3 600/360 s	
Pr. 20	加/减速基准频率	50 Hz	1 ~ 400 Hz	
Pr. 21	加/减速时间单位	0	0/1	0：0 ~ 3 600 s；单位：0. 1s 1：0 ~ 360 s；单位：0. 01 s

① Pr. 20 为加/减速的基准频率，在我国就选为 50 Hz。

② Pr. 7 加速时间用于设定从停止到 Pr. 20 加减速基准频率的加速时间。

③ Pr. 8 减速时间用于设定从 Pr. 20 加减速基准频率到停止的减速时间。

3. 直流制动（Pr. 10 ~ Pr. 12）

直流制动是通过向电动机施加直流电压来使电动机轴不转动的。其参数包括：动作频率的设定（Pr. 10）、动作时间的设定（Pr. 11）、动作电压（转矩）的设定（Pr. 12）3个参数。各参数的意义及设定范围见表 9 - 6。

表 9 - 6　直流制动参数的意义及设定范围

参数编号	名称	初始值		设定范围	内容
10	直流制动动作频率	3 Hz		0 ~ 120 Hz	直流制动的动作频率
11	直流制动动作时间	0. 5 s		0	无直流制动
				0. 1 ~ 10 s	直流制动的动作时间
12	直流制动动作电压	0. 4 ~ 7. 5 kV	4%	0% ~ 30%	直流制动电压（转矩）设定为 "0" 时，无直流制动

4. 多段速运行模式的操作

在外部操作模式或组合操作模式下，变频器可以通过外接的开关器件的组合通断改变输入端子的状态来实现调速。这种控制频率的方式称为多段速控制功能。

FR – E740 变频器的速度控制端子是 RH、RM 和 RL（如图 9 – 14 所示）。通过这些开关的组合可以实现 3 段速、7 段速的控制。

转速的切换：由于转速的挡次是按二进制的顺序排列的，故三个输入端可以组合成 3 档至 7 档（0 状态不计）转速。其中，3 段速由 RH、RM、RL 单个通断来实现；7 段速由 RH、RM、RL 通断的组合来实现。

7 段速的各自运行频率则由参数 Pr. 4 ~ Pr. 6 设置前 3 段速的频率，Pr. 24 ~ Pr. 27（设置第 4 段速至第 7 段速的频率）。

1 段速：RH 单独接通，Pr. 4 设定频率。

2 段速：RM 单独接通，Pr. 5 设定频率。

3 段速：RL 单独接通，Pr. 6 设定频率。

4 段速：RM、RL 同时接通，Pr. 24 设定频率。

5 段速：RH、RL 同时接通，Pr. 25 设定频率。

6 段速：RH、RM 同时接通，Pr. 26 设定频率。

7 段速：RH、RM、RL 全通，Pr. 27 设定频率。

多段速度设定在 PU 运行和外部运行中都可以设定。运行期间参数值也能被改变。在 3 段速设定的场合，2 段速以上同时被选择时，低速信号的设定频率优先。

最后指出，如果把参数 Pr. 183 设置为 8，将 MRS 端子的功能转换成多速段控制端 RES，就可以用 RH、RM、RL 和 RES 通断的组合来实现 15 段速。详细的说明请参阅 FR – E700 使用手册。

5. 通过模拟量输入（端子 2、4）设定频率

分拣单元变频器的频率设定，除了用 PLC 输出端子控制多段速度设定外，也有连续设定频率的需求。例如，在变频器安装和接线完成进行运行试验时，常常用调速电位器连接到变频器的模拟量输入信号端，进行连续调速试验。此外，在触摸屏上指定变频器的频率，则此频率也应该是连续可调的。需要注意的是，如果要用模拟量输入（端子 2、4）设定频率，则 RH、RM、RL 端子应断开，否则多段速度设定优先。

（1）模拟量输入信号端子的选择。FR – E700 系列变频器提供 2 个模拟量输入信号端子（端子 2、4）用作连续变化的频率设定。在出厂设定情况下，只能使用端子 2，端子 4 无效。要使端子 4 有效，需要在各接点输入端子 STF、STR、…、RES 之中选择一个，将其功能定义为 AU 信号输入。则当这个端子与 SD 端短接时，AU 信号为 ON，端子 4 变为有效，端子 2 变为无效。

例： 选择 RES 端子用作 AU 信号输入，则设置参数 Pr. 184 = "4"，在 RES 端子与 SD 端之间连接一个开关，当此开关断开时，AU 信号为 OFF，端子 2 有效；反之，当此开关接通时，AU 信号为 ON，端子 4 有效。

（2）模拟量信号的输入规格。如果使用端子 2，模拟量信号可为 0 ~ 5 V 或 0 ~ 10 V 的电压信号，用参数 Pr. 73 指定，其出厂设定值为 1，指定为 0 ~ 5 V 的输入规格，并且

不能可逆运行。参数 Pr. 73 参数的取值为 0，1，10，11。如果使用的端子 4，模拟量信号可为电压输入（0 ~5 V、0 ~10 V）或电流输入（4 ~20 mA 初始值），用参数 Pr. 267 和电压/电流输入切换开关设定，并且要输入与设定相符的模拟量信号。Pr. 267 取值为 0，1，2。

需注意的是，若发生切换开关与输入信号不匹配的错误（例如开关设定为电流输入，但端子输入却为电压信号；或反之）时，会导致外部输入设备或变频器故障。

（3）对频率设定信号（DC 0 ~5 V、0 ~10 V 或 4 ~20 mA）的相应输出频率的大小可用参数 Pr. 125（对端子 2）或 Pr. 126（对端子 4）设定，用于确定输入增益（最大）的频率。它们的出厂设定值均为 50 Hz，设定范围为 0 ~400 Hz。

6. 参数清除

如果用户在参数调试过程中遇到问题，并且希望重新开始调试，可用参数清除操作方法实现。即在 PU 运行模式下，设定 Pr. CL（参数清除）、ALLC（参数全部清除）均为"1"，可使参数恢复为初始值。但如果设定 Pr. 77 参数写入选择为"1"，则无法清除。

参数清除操作，需要在参数设定模式下，用 M 旋钮选择参数编号为 Pr. CL 和 ALLC，把它们的值均置为 1，操作步骤如图 9 – 18 所示。

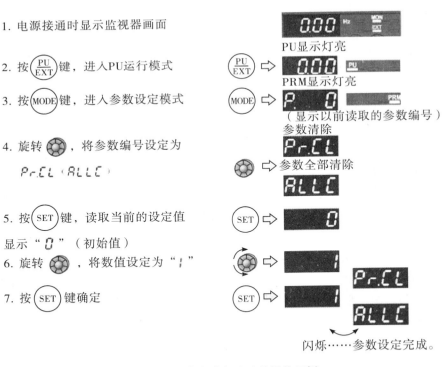

图 9 – 18　参数全部清除的操作示例

五、项目实施

1. I/O 地址分配

本项目 I/O 分配见表 9 - 7。

表 9 - 7 I/O 分配表

输入地址		输出地址	
SQ_1	X1	上升	Y0
SQ_2	X2	下降	Y1
SQ_3	X3	—	—
SQ_4	X4	—	—
SQ_5	X5	—	—
SB_1	X11	—	—
SB_2	X12	—	—
SB_3	X13	—	—
SB_4	X14	—	—
SB_5	X15	—	—
启动 X0	X0		

该项目存在呼叫按钮与到位按钮，根据本项目有关 CMP 指令的学习，判断两个数值寄存器 D0 和 D1 记录呼叫信息与到位信息，结合上一个项目中学过的 MOV 指令，通过呼叫按钮与到位按钮 MOV 记录呼叫信息与到位信息。

记录信息后启动按钮时需要对两个位置信息寄存器 D0 和 D1 进行对比，确定电梯的运动方向。在输入端程序中加入常闭开关 M3，M3 代表电梯正在运行的状态，因此，如图在电梯运行过程中，M3 得电常开，触点断开，屏蔽此时的呼叫功能，所图 9 - 19 所示。

如图 9 - 20 所示，梯形图中采用 CMP 指令，比较电梯所在位置的数值寄存器 D1 与呼叫来源位置的数值寄存器 D0 中的值，根据比较结果确定上升与下降的运动方向。第 92 行中内容，根据 Y000 或 Y001 的接通状态确定电动机是否处于运行状态中，并在图 9 - 19 中的 43 ~ 71 行中使用其常闭开关屏蔽运行过程中的呼叫指令。

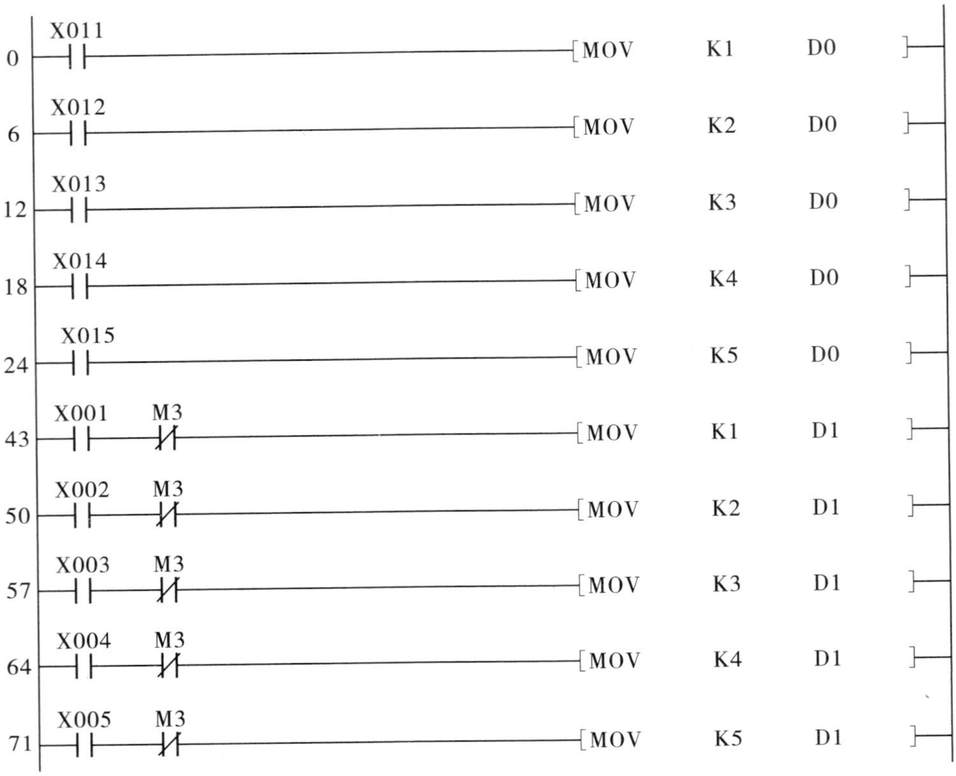

160

图 9-19　呼叫按钮与到位按钮记录信息梯形图

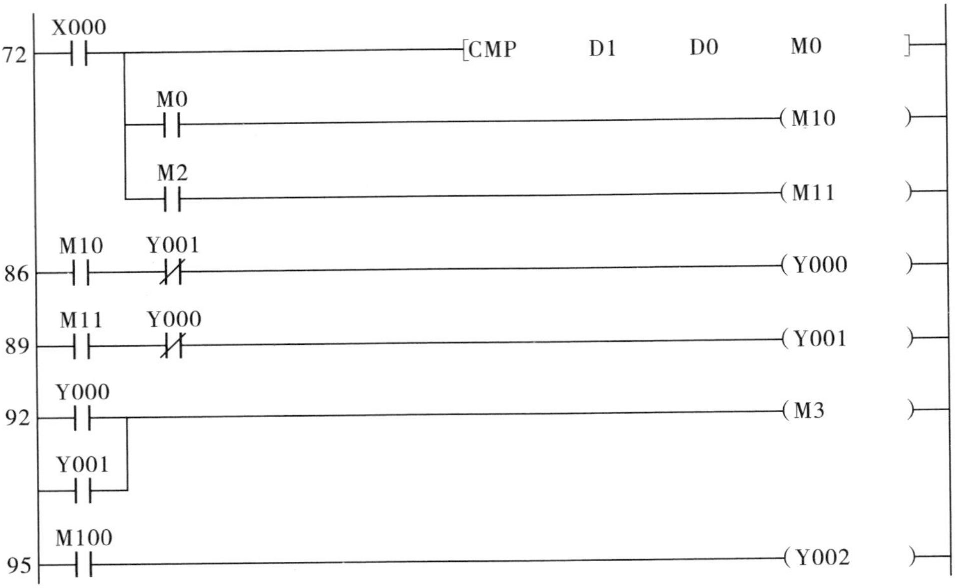

图 9-20　启动比较后确定电梯运动方向

六、综合练习

在电梯的使用过程中往往还会出现更为复杂的控制过程，例如运行过程中可以进行呼叫等功能。请尝试在本项目实施案例基础上对程序进行修改，设计 6 层电梯。要求在运行过程中可以记忆一次额外呼叫功能的 PLC 梯形图指令，即当电梯在运行过程中可以进行呼叫，但是系统只能记忆一次额外的呼叫指令，并在当前运行结束后自动运行记忆中的呼叫指令，同时开放新的呼叫记忆存储功能。

参考答案：

（1）设计电梯位置数值寄存器 D0 的到位存储程序。其梯形图如图 9-21 所示。

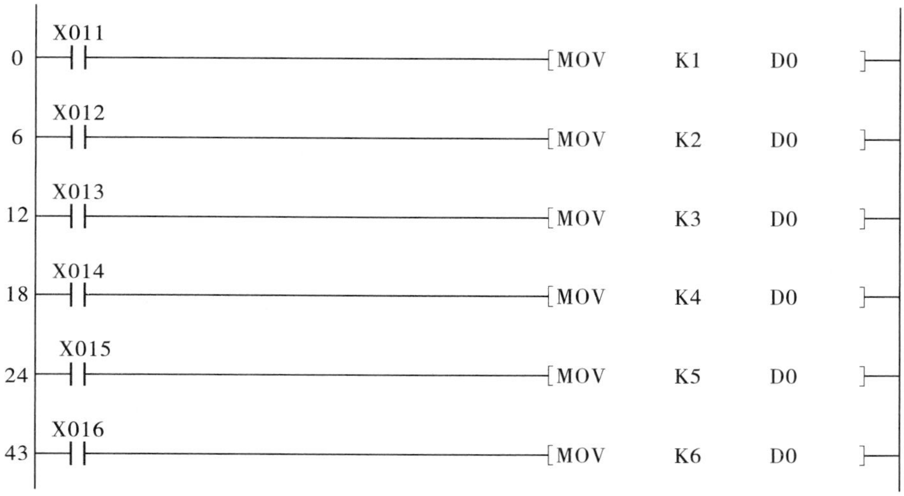

图 9-21　电梯位置数值寄存器 D0 的到位存储程序

（2）设计辅助继电器 M100 代表任意时刻任意楼层的呼叫响应信号。其梯形图如图 9-22所示。

图 9-22　电梯任意时刻及位置的呼叫信号响应梯形图

（3）设计非运行状态下的呼叫位置寄存器 D1 存储信息程序，其梯形图如图 9 – 23 所示。其中 M3 为代表运行状态的辅助寄存器，有 Y0 及 Y1 一起驱动，因此该程序只有在非运行，即不上升也不下降的状态下记录呼叫信息。

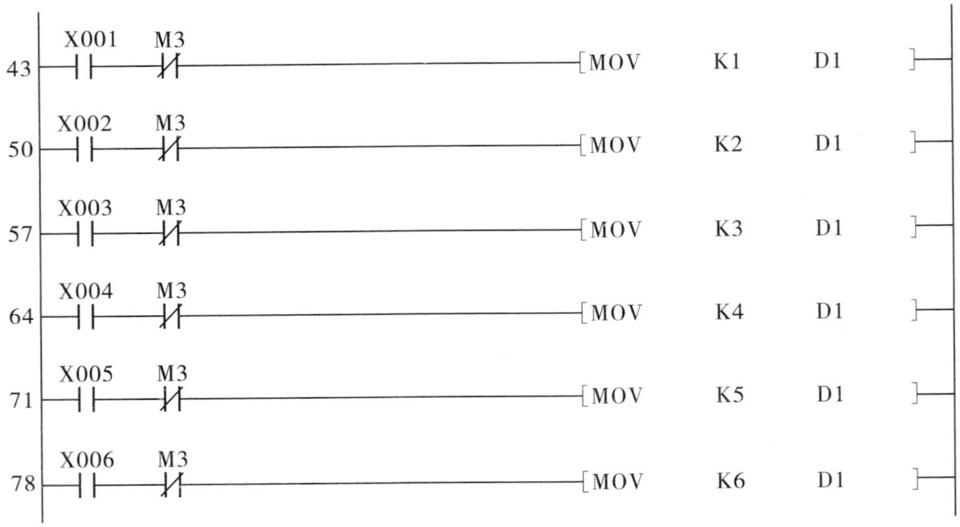

```
         X001   M3
43  ├──┤ ├──┤/├─────────────────────[MOV   K1    D1 ]

         X002   M3
50  ├──┤ ├──┤/├─────────────────────[MOV   K2    D1 ]

         X003   M3
57  ├──┤ ├──┤/├─────────────────────[MOV   K3    D1 ]

         X004   M3
64  ├──┤ ├──┤/├─────────────────────[MOV   K4    D1 ]

         X005   M3
71  ├──┤ ├──┤/├─────────────────────[MOV   K5    D1 ]

         X006   M3
78  ├──┤ ├──┤/├─────────────────────[MOV   K6    D1 ]
```

图 9 – 23　非运行状态下的呼叫位置寄存器 D1 存储信息梯形图

（4）设计启动状态辅助寄存器 M2，即当 M2 被驱动是表示系统的启动信息。其梯形图如图 9 – 24 所示。其中，X000 为启动按钮，M4 代表电梯运行到位后再次启动的保护时间 5 s 的状态。

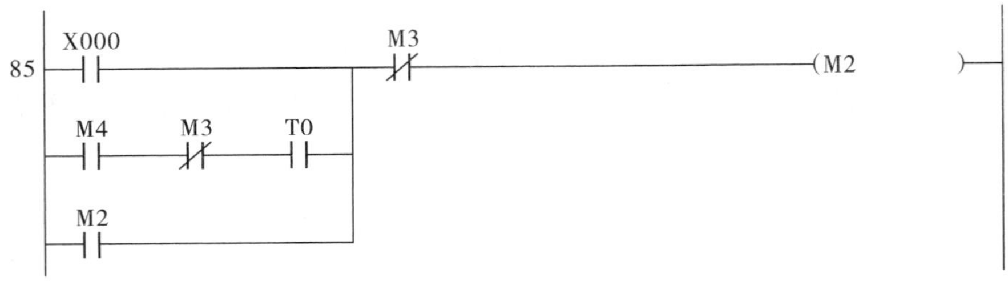

```
         X000                    M3
85  ├──┤ ├─────────────────────┤/├─────────────────(M2)

         M4    M3    T0
    ├──┤ ├──┤/├──┤ ├─┤
         M2
    ├──┤ ├─┘
```

图 9 – 24　启动状态辅助寄存器 M2 梯形图

（5）设计呼叫启动比较并运行的状态指令。其梯形图如图 9 – 25 所示。

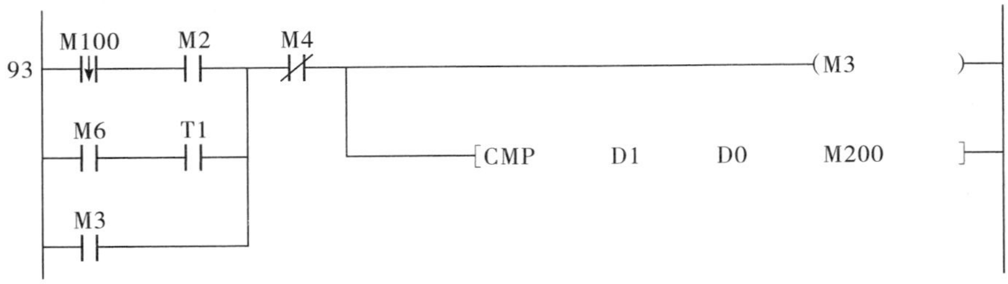

```
         M100  M2    M4
93  ├──┤↓├──┤ ├──┤/├────────────────────────────(M3)

         M6    T1
    ├──┤ ├──┤ ├─┤      ┌────────[CMP   D1    D0    M200 ]
         M3
    ├──┤ ├─┘
```

图 9 – 25　呼叫启动比较并运行的状态指令梯形图

（6）运行结束后再次启动保护时间 5 s 的状态指令梯形图。其梯形图如图 9 – 26 所示。

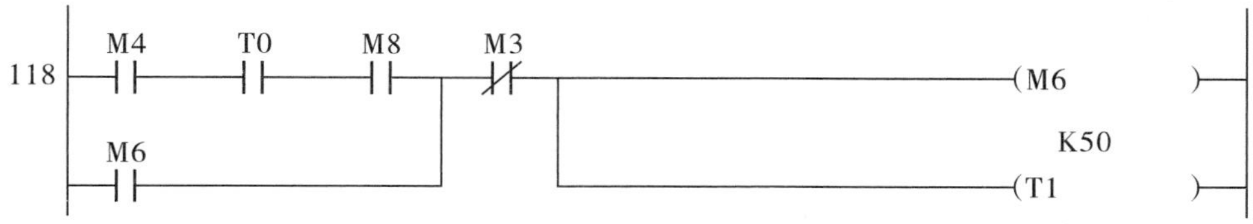

图 9 – 26 运行结束后再次启动保护时间 5 s 的状态指令梯形图

（7）设计运行过程中的记忆存储梯形图，如图 9 – 27 所示。时间继电器 T1 计时到位后自动将记忆中的信息存储进入呼叫位置数值寄存器 D1 中，启动比较进行电梯的记忆启动功能。

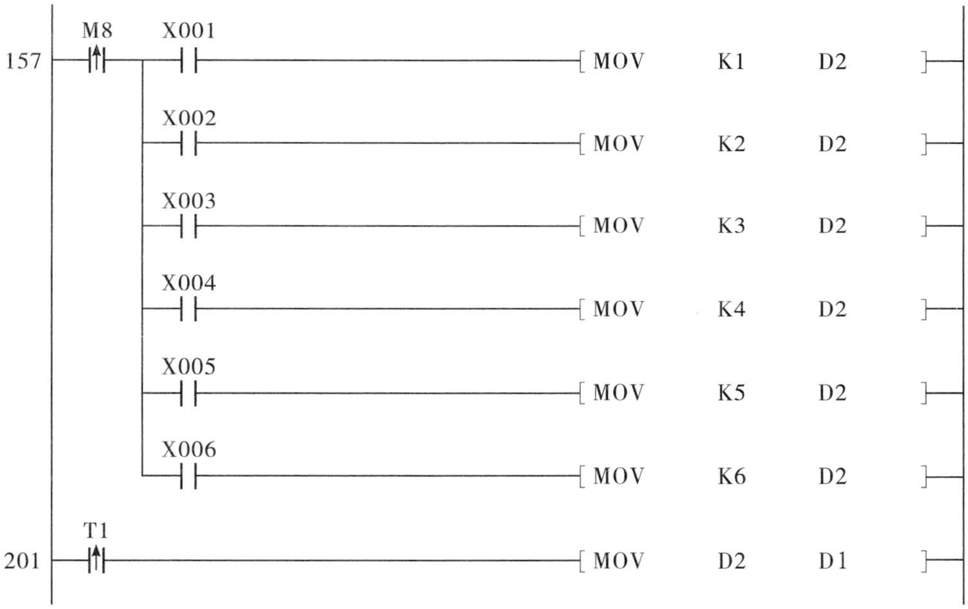

图 9 – 27 运行过程中的记忆存储梯形图

（8）整理后的总梯形图如图 9 - 28 所示。

```
       X011
  0 ──┤├──────────────────────────────[MOV    K1    D0 ]

       X012
  6 ──┤├──────────────────────────────[MOV    K2    D0 ]

       X013
 12 ──┤├──────────────────────────────[MOV    K3    D0 ]

       X014
 18 ──┤├──────────────────────────────[MOV    K4    D0 ]

       X015
 24 ──┤├──────────────────────────────[MOV    K5    D0 ]

       X016
 30 ──┤├──────────────────────────────[MOV    K6    D0 ]

       X001
 36 ──┤├──┬───────────────────────────────────(M100  )
       X002 │
     ──┤├──┤
       X003 │
     ──┤├──┤
       X004 │
     ──┤├──┤
       X005 │
     ──┤├──┤
       X006 │
     ──┤├──┘

       X001    M3
 43 ──┤├─────┤/├──────────────────────[MOV    K1    D1 ]

       X002    M3
 50 ──┤├─────┤/├──────────────────────[MOV    K2    D1 ]

       X003    M3
 57 ──┤├─────┤/├──────────────────────[MOV    K3    D1 ]

       X004    M3
 64 ──┤├─────┤/├──────────────────────[MOV    K4    D1 ]

       X005    M3
 71 ──┤├─────┤/├──────────────────────[MOV    K5    D1 ]
```

```
      X006   M3
78    ┤├    ┤/├                              ─[MOV    K6      D1 ]─

      X000              M3
85    ┤├              ┤/├                              (M2    )
      M4     M8    T9
      ┤├    ┤/├   ┤├
      M2
      ┤├

      M100   M2    M4
93    ┤↓├   ┤├   ┤/├                                   (M3    )
      M6     T1
      ┤├    ┤├                      ─[CMP    D1    D0    M200 ]─
      M3
      ┤├

      M3    M201   M2    M6
109   ┤├    ┤├   ┤/├   ┤/├                             (M4    )
      M4                                                      K50
      ┤├                                               (T0    )

      M4     T0    M8    M3
118   ┤├    ┤├   ┤├   ┤/├                              (M6    )
      M6                                                      K50
      ┤├                                               (T1    )

      M3               M8    T0
127   ┤↑├             ┤/├   ┤/├                        (M7    )
      M9     T2
      ┤├    ┤├
      M7
      ┤├

      M7     M3    M100   M9    T0
136   ┤├    ┤├   ┤↑├   ┤/├   ┤/├                       (M8    )
      M7     M4    M100
      ┤├    ┤├   ┤↑├

      M8     M6    M7    T0
148   ┤├    ┤├   ┤/├   ┤/├                             (M9    )
      M9                                                      K1
      ┤├                                               (T2    )
```

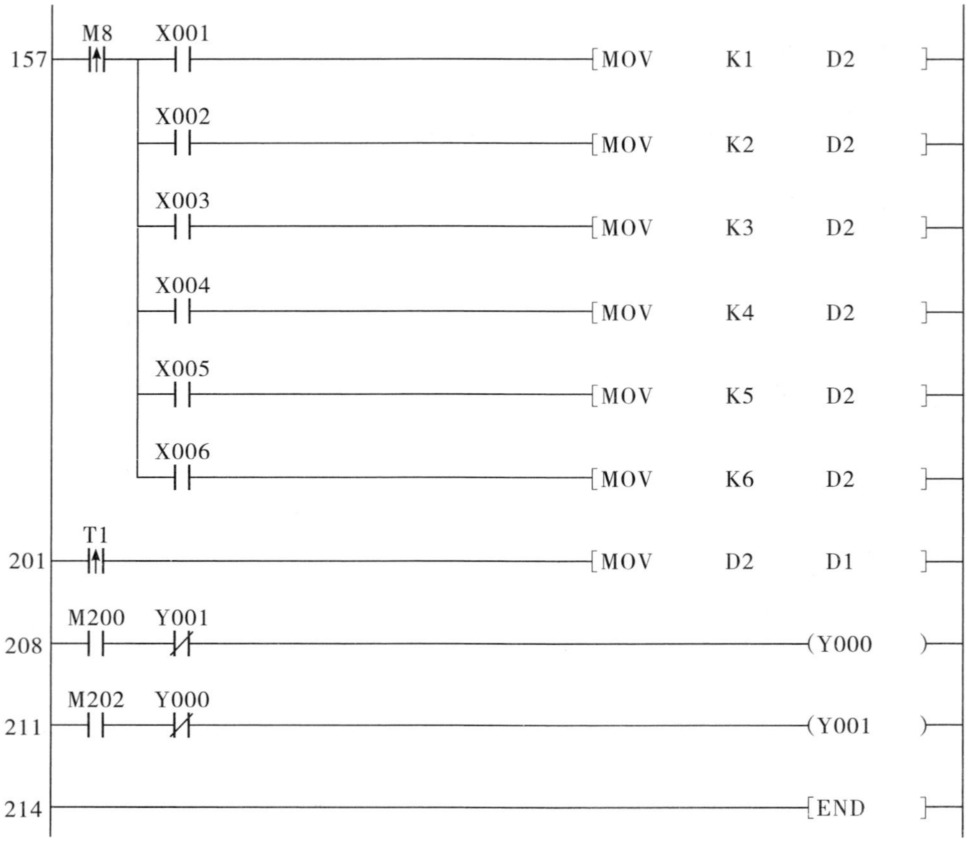

166

图 9 - 28　具备记忆呼叫功能的电梯控制总梯形图

附　　录

附录 1　三菱 FX 系列 PLC 基本指令一览表

助记符	名称	功能	对象软元件及回路表示
LD	取	运算开始左母线接点	X、Y、M、S、T、C
LDI	取反	运算开始左母线接点	X、Y、M、S、T、C
LDP	取脉冲	上升沿检出运算开始	X、Y、M、S、T、C
LDF	取脉冲	下降沿检出运算开始	X、Y、M、S、T、C
AND	与	常开串联连接左母线接点	X、Y、M、S、T、C
ANI	与非	常开串联连接左母线接点	X、Y、M、S、T、C
ANDP	与脉冲	上升沿检出串联连接	X、Y、M、S、T、C
ANDF	与脉冲	下降沿检出串联连接	X、Y、M、S、T、C
OR	或	常开并联连接左母线接点	X、Y、M、S、T、C
ORI	或非	常开并联连接左母线接点	X、Y、M、S、T、C
ORP	或脉冲	上升沿检出并联连接	X、Y、M、S、T、C
ORF	或脉冲	下降沿检出并联连接	X、Y、M、S、T、C
OUT	输出	线圈驱动指令	Y、M、S、T、C
SET	置位	线圈动作保持指令	Y、M、S
RST	复位	解除线圈动作保持指令	Y、M、S、T、C、D、V、Z
PLS	脉冲	线圈上升沿输出指令	Y、M
PLF	脉冲	线圈下降沿输出指令	Y、M
MC	主控	公共串联接点用线圈指令	M、Y
MCR	主控复位	公共串联接点解除指令	N（0 ~ 7 编号）先返回7
MPS	进栈	运算存储	无操作数
MRD	读栈	存储读出	无操作数
MPP	出栈	存储读出和复位	无操作数
INV	反转（非）	运算结果取反	不能与左母线相连
NOP	空操作	无动作	消除程序或留出空间，无操作数
END	结束	程序结束，返回到0步	无操作数
STL	步进梯形图	步进梯形图开始	S
RET	返回	步进梯形图结束	无操作数

附录 2　FNC 指令表

分类	FNC NO.	指令助记符	功能	对应可编程控制器			
				FX 1S	FX 1N	FX 2N	FX 2NC
程序流程	0	CJ	条件跳转	○	○	○	○
	1	CALL	子程序调用	○	○	○	○
	2	SRET	子程序返回	○	○	○	○
	3	IRET	中断返回	○	○	○	○
	4	EI	中断许可	○	○	○	○
	5	DI	中断禁止	○	○	○	○
	6	FEND	主程序结束	○	○	○	○
	7	WDT	监控定时器	○	○	○	○
	8	FOR	循环范围开始	○	○	○	○
	9	NEXT	循环范围终了	○	○	○	○
传送比较	10	CMP	比较	○	○	○	○
	11	ZCP	区域比较	○	○	○	○
	12	MOV	传送	○	○	○	○
	13	SMOV	移位传送	—	—	○	○
	14	CML	倒转传送	—	—	○	○
	15	BMOV	一并传送	○	○	○	○
	16	RMOV	多点传送	—	—	○	○
	17	XCH	交换	—	—	○	○
	18	BCD	BCD 转换	○	○	○	○
	19	BIN	BIN 转换	○	○	○	○
四则逻辑运算	20	ADD	BIN 加法	○	○	○	○
	21	SUB	BIN 减法	○	○	○	○
	22	MUL	BIN 乘法	○	○	○	○
	23	DIV	BIN 除法	○	○	○	○
	24	INC	BIN 加 1	○	○	○	○
	25	DEC	BIN 减 1	○	○	○	○
	26	WAND	逻辑字与	○	○	○	○
	27	WOR	逻辑字或	○	○	○	○
	28	WXOR	逻辑字异或	○	○	○	○
	29	NEG	求补码	—	—	○	○

续上表

分类	FNC NO.	指令助记符	功能	对应可编程控制器			
				FX 1S	FX 1N	FX 2N	FX 2NC
循环位移	30	ROR	循环右移	—	—	○	○
	31	ROL	循环左移	—	—	○	○
	32	RCR	带进位循环右移	—	—	○	○
	33	RCL	带进位循环左移	—	—	○	○
	34	SFTR	位右移	○	○	○	○
	35	SFTL	位左移	○	○	○	○
	36	WSFR	字右移	—	—	○	○
	37	WSFL	字左移	○	○	○	○
	38	SFWR	移位写入	○	○	○	○
	39	SFDR	移位读出	—	—	○	○
数据处理	40	CJ	批次复位	○	○	○	○
	41	CALL	译码	○	○	○	○
	42	SRET	编码	○	○	○	○
	43	IRET	ON 位数	—	—	○	○
	44	EI	ON 位数判定	—	—	○	○
	45	DI	平均值	—	—	○	○
	46	FEND	信号报警置位	—	—	○	○
	47	WDT	信号报警器复位	—	—	○	○
	48	FOR	BIN 开方	—	—	○	○
	49	NEXT	BIN→二进制浮点数转换	—	—	○	○
高速处理	50	CMP	输入输出刷新	○	○	○	○
	51	ZCP	滤波器调整	—	—	○	○
	52	MOV	矩阵输入	○	○	○	○
	53	SMOV	比较置位（高速计数器）	○	○	○	○
	54	CML	比较复位（高速计数器）	○	○	○	○
	55	BMOV	区间比较（高速计数器）	—	—	○	○
	56	FMOV	脉冲密度	○	○	○	○
	57	XCH	脉冲输出	○	○	○	○
	58	BCD	脉冲调制	○	○	○	○
	59	BIN	带加减速的脉冲输出	○	○	○	○

续上表

分类	FNC NO.	指令助记符	功能	对应可编程控制器			
				FX 1S	FX 1N	FX 2N	FX 2NC
方便处理	60	ADD	初始化状态	○	○	○	○
	61	SUB	数据查找	—	—	○	○
	62	MUL	凸轮控制（绝对方式）	○	○	○	○
	63	DIV	凸轮控制（增量方式）	○	○	○	○
	64	INC	示教定时器	—	—	○	○
	65	DEC	特殊定时器	—	—	○	○
	66	WAND	交替输出	○	○	○	○
	67	WOR	斜坡信号	○	○	○	○
	68	WXOR	旋转工作台控制	—	—	○	○
	69	NEG	数据排列	—	—	○	○
	70	ROR	数字键入输入	—	—	○	○
	71	ROL	16 键输入	—	—	○	○
	72	RCR	数字式开关	○	○	○	○
	73	RCL	7 段详码	—	—	○	○
	74	SFTR	7 段码按时间	○	○	○	○
	75	SFTL	箭头开关	—	—	○	○
	76	WSFR	ASCII 码变换	—	—	○	○
	77	WSFL	ASCII 码打印输出	—	—	○	○
	78	SFWR	BFM 读出	—	○	○	○
	79	SFDR	BFM 写入	—	○	○	○
	80	RS	串行数据传送	○	○	○	○
	81	PRUN	八进制位传送	○	○	○	○
	82	ASCI	HEX—ASCII 转换	○	○	○	○
	83	HEX	ASCII—HEX 转换	○	○	○	○
	84	CCD	校验码	○	○	○	○
	85	VRRD	电位器读出	○	○	○	○
	86	VRSC	电位器刻度	○	○	○	○
	87	PID	PIC 运算	○	○	○	○

续上表

分类	FNC NO.	指令助记符	功能	对应可编程控制器			
				FX 1S	FX 1N	FX 2N	FX 2NC
方便处理	110	ECMP	二进制浮点数比较	—	—	○	○
	111	EZCP	二进制浮点数区域比较	—	—	○	○
	118	EBCD	二进制浮点数→十进制浮点数转换	—	—	○	○
	119	EBIN	十进制浮点数→二进制浮点数转换	—	—	○	○
	120	EADD	二进制浮点数加法	—	—	○	○
	121	ESUB	二进制浮点数减法	—	—	○	○
	122	EMUL	二进制浮点数乘法	—	—	○	○
	123	EDIV	二进制浮点数除法	—	—	○	○
	127	ESOR	二进制浮点数开方	—	—	○	○
	129	INT	二进制浮点数—BIN 整数转换	—	—	○	○
	130	SIN	浮点数 SIN 运算	—	—	○	○
	131	COS	浮点数 COS 运算	—	—	○	○
	132	TAN	浮点数 TAN 运算	—	—	○	○
	147	SWAP	上下字节变换	—	—	○	○
	155	ABS	ABS 现在值读出	○	○	—	—
	156	ZRN	原点回归	○	○	—	—
	157	PLSY	可变度的脉冲输出	○	○	—	—
	158	DRVI	相对定位	○	○	—	—
	159	DRVA	绝对定位	○	○	—	—
	160	TCMO	时钟数据比较	○	○	○	○
	161	TZCP	时钟数据区间比较	○	○	○	○
	162	TADD	时钟数据加法	○	○	○	○
	163	TSUB	时钟数据减法	○	○	○	○
	166	TRD	时钟数据读出	○	○	○	○
	167	TWR	时钟数据写入	○	○	○	○
	169	HOUR	计时仪	○	○	○	○
	170	GRY	格雷码变换	—	—	○	○
	171	GBIN	格雷码逆变换	—	—	○	○
	176	RD3A	模拟块读出	—	○	—	—
	177	WR3A	模拟块写入	—	○	—	—

机电控制技术

172

续上表

分类	FNC NO.	指令助记符	功能	对应可编程控制器			
				FX 1S	FX 1N	FX 2N	FX 2NC
方便处理	224	LD =	(S1) = (S2)	○	○	○	○
	225	LD >	(S1) > (S2)	○	○	○	○
	226	LD <	(S1) < (S2)	○	○	○	○
	228	LD < >	(S1) ≠ (S2)	○	○	○	○
	229	LD ≤	(S1) ≤ (S2)	○	○	○	○
	230	LD ≥	(S1) ≥ (S2)	○	○	○	○
	232	AND =	(S1) = (S2)	○	○	○	○
	233	AND >	(S1) > (S2)	○	○	○	○
	234	AND <	(S1) < (S2)	○	○	○	○
	236	AND < >	(S1) ≠ (S2)	○	○	○	○
	237	AND ≤	(S1) ≤ (S2)	○	○	○	○
	238	AND ≥	(S1) ≥ (S2)	○	○	○	○
	240	OR =	(S1) = (S2)	○	○	○	○
	241	OR >	(S1) > (S2)	○	○	○	○
	242	OR <	(S1) < (S2)	○	○	○	○
	244	OR < >	(S1) ≠ (S2)	○	○	○	○
	245	OR ≤	(S1) ≤ (S2)	○	○	○	○
	246	OR ≥	(S1) ≥ (S2)	○	○	○	○